도시농부가
알려 주는

텃밭
주말농장
가꾸기의
모든 것

도시농부가 알려 주는
텃밭 주말농장 가꾸기의 모든 것

초판인쇄 : 2025년 2월 21일
초판발행 : 2025년 2월 28일

지 은 이 ┃ 도시농부
펴 낸 이 ┃ 고명흠
펴 낸 곳 ┃ 랜딩북스

출판등록 ┃ 2019년 5월 21일 제2019-000050호
주   소 ┃ 서울시 서대문구 세검정로1길 93,
　　　　　　벽산아파트 상가 A동 304호
전   화 ┃ (02)356-8402 / FAX (02)356-8404
E-MAIL   ┃ landingbooks@daum.net
홈페이지 ┃ www.munyei.com

ISBN 979-11-91895-31-5 (13520)

초보자도 따라 하면 성공하는 텃밭·주말농장 재배 가이드

도시농부가
알려 주는

텃밭
주말농장
가꾸기의
모든 것

도시농부 지음

랜딩북스

책을 펴내며

누구나 한 번쯤은 갓 수확한 싱싱한 채소를 먹어본 적이 있을 것이다. 그 맛과 향은 풍미가 좋아 입맛을 돋울 뿐더러 다른 식재료에서는 얻기 힘든 여러 가지 비타민을 비롯해 칼슘, 마그네슘, 철, 인 등과 같은 무기질도 풍부하게 들어 있다. 또한 채소는 대부분 알칼리성 식품이어서 지나친 육식으로 노화가 촉진되고 각종 질병이 나타날 수 있는 현대인들의 산성화한 몸을 건강하게 만들어주기도 한다. 그 밖에도 채소가 우리에게 제공하는 바는 손꼽을 수 없을 정도로 많다.

도시의 빌딩 숲속에서 살아가는 우리는 답답함을 느끼고 자연을 만끽하고 싶어한다. 이러한 이유로 인간은 자연을 떠나 살아갈 수 없음을 새기게 되며, 그런 의미에서 직접 밭을 일구고 채소를 가꾸는 텃밭농사나 주말농장 운영은 도시인들이 자연을 누리며 건강하게 살아갈 수 있는 하나의 방법이 아닐까 한다.

이와 같은 이유로 필자는 아파트 베란다나 자투리땅에 직접 채소를 기르고자 하는 일반인들을 포함해 난생처음 도시농부에 도전하는 분들이나 은퇴 후 귀농·귀촌을 계획하는 분들에게 조금이나마 도움을 드리고자 이 책을 기획하게 되었다.

이 책은 우리가 일상에서 즐겨 먹는 잎줄기 채소(배추, 상추, 파 등), 열매 채소(가지, 고추, 토마토 등), 뿌리 채소(감자, 고구마, 당근 등)에 대한 재배법과 관리법부터 수확 및 저장법까지 소개하고 있다. 각 채소별로 재배 일정을 수록하여 씨 뿌리는 시기와 수확시기 등을 한눈에 볼 수 있도록 하였고, 토양 조건, 이랑 만들기 등 밭 만드는 방법을 그림을 곁들여 설명하였다. 또한 씨뿌리기, 솎아주기, 김매기, 북주기, 거름주기 등 작물의 올바른 생장에 꼭 필요한 재배 요령도 소개한다. 이 모든 과정이 이루어진 후 수확하고 저장하는 방법까지 상세히 설명하였고, 특히 자칫 애써 기른 농작물을 망칠 수 있는 병충해에 대한 방제법도 놓치지 않았다. 그리고 마지막으로 내가 기른 채소에 어떤 영양분이 얼마만큼 함유되어 있는지 알 수 있는 에너지 정보도 설명하였다.

이 책에는 각 채소의 생생한 사진은 물론, 자칫 어려울 수 있는 내용을 누구라도 쉽게 알 수 있도록 삽화를 곁들여 이해도를 높이고자 하였다. 한편 책의 첫머리에는 작물을 선택하기 전에 알아두면 유익하고 든든한 기초적인 농사 지식이나 정보를 수록하였다. 특히 텃밭농사를 처음 접하는 사람들이 어려워할 수 있는 작물보호제(농약)나 비료에 대해서도 설명하였고, 유기농 채소를 기르고자 하는 분들을 위해 직접 만들어 사용할 수 있는 퇴비와 천연 비료에 관한 정보도 수록하여 최대한 도움을 드리고자 하였다.

이 책이 귀농·귀촌을 꿈꾸는 예비농부나 집 근처 텃밭 또는 도시 근교의 주말농장을 가지고 혼자서 텃밭농사를 잘 해낼 수 있도록 이끌어주는 도시농부 가이드북이 될 것이라고 믿는다. 전문적인 농부가 아니더라도 자연과의 삶을 꿈꾸는 독자 여러분을 응원하며, 이 책이 그 꿈을 실현하기 위한 좋은 길라잡이가 될 수 있기를 바란다.

도시농부 씀

Contents

Chapter 1 텃밭 채소 재배 **기본 가이드**

Chapter 2 채소 재배 **필수사항**

Chapter 3

채소별 재배 노하우 ♥ **잎줄기 채소**

Chapter 4

채소별 재배 노하우 ♥ **열매 채소**

Chapter 5

채소별 재배 노하우 ❤ **뿌리 채소**

Chapter 1
텃밭 채소 재배
기본 가이드

채소의 역할

　채소는 70~95%가 수분으로 열량이 적어 주식으로 이용할 수는 없지만, 다음과 같은 중요성을 지녀 반드시 섭취해야 하는 식품으로서의 가치가 있다.

비타민 공급원

비타민 A • 비타민 A는 인체의 정상적인 발육과 상피세포를 유지하는 작용을 한다. 비타민 A가 부족한 증상은 먼저 눈과 피부에 나타나는데, 야맹증의 원인이 되기도 한다. 식물에는 체내에서 비타민 A로 전환되는 전구물질인 카로틴으로 존재하는데, 이를 프로비타민 A라고 한다. 카로틴은 식물계에 널리 분포하고 있는 황적색 색소로서 β-카로틴이 대부분이다.

비타민 A의 효력을 나타내는 국제단위(IU)는 β-카로틴 0.6㎍의 효력과 같은 값이다. 채소의 β-카로틴은 총함량 중 1/3가량이 효력을 보인다고 평가되고 있다.

채소는 먹을 수 있는 부위 100g 중에 카로틴 600㎍ 이상을 함유하고 있는 것을 녹황색 채소라고 한다. 카로틴이 많이 들어 있는 녹황색 채소는 엽채류 중에 시금치, 부추, 신선초, 쑥갓, 파슬리

등 녹색이 짙은 채소가 대표적이다. 근채류로는 당근, 과채류로는 호박, 피망, 풋고추 등에 많이 들어 있다.

비타민 B 복합체 • 니코틴산, 판토텐산, 폴릭산 등 여러 종류가 있다. 비타민 B_1이 결핍되면 식욕이 떨어지고 쉽게 피곤해지는데, 각기병의 원인이 되기도 한다. 비타민 B_1은 완두, 잠두(큰 콩) 등의 콩 종류와 마, 감자 등에 많이 들어 있다. 비타민 B_2도 시금치, 브로콜리, 옥수수, 잠두 등의 채소에 많이 함유되어 있으며, 부족하면 구순염, 구각염, 각막염 등이 발생할 수 있다.

비타민 C • 채소나 과일류를 통해서만 섭취할 수 있으며 비타민 C가 부족하면 피부나 점막에서 피가 나는 괴혈병과 피부가 거칠어지는 증상이 나타난다. 대부분의 채소에 함유되어 있지만, 특히 갓, 케일, 파슬리, 시금치, 브로콜리 등의 엽채류와 풋고추, 딸기 등에 많이 들어 있다.

무기질 공급원

채소에는 1~4%의 무기질(mineral)이 함유되어 있으며, 특히 칼륨 (K), 몰리브덴(Mo) 등은 동물성 식품으로는 섭취할 수 없는 것이다. 뿐만 아니라 의외로 칼슘(Ca)도 채소에 많이 들어 있다. 채소에 들어 있는 대표적인 무기질 중 하나가 칼륨인데, 인체 내에서는 혈압 조절에 깊이 관여한다. 고혈압을 예방하기 위해서는 나트륨의 과잉 섭취를 피해야 하지만 세포 내막에 있는 칼륨이 감소되는 것을 막아서 세포 안팎의 삼투압 균형을 유지하는 것도 중요하다.

된장국의 예처럼 우리나라 음식은 염분을 섭취하기가 지나치게 쉽다. 이때 칼륨이 풍부한 채소와 과일, 해조류 등을 많이 먹으면 나트륨(염분)의 과잉 상태에서도 세포의 삼투압 균형을 깨지 않아 고혈압 예방에 좋다.

칼슘이 함유된 식품이라면 우유나 유제품 혹은 뼈째 먹는 생선을 떠올리지만, 그 뒤를 잇는 것이 바로 녹황색 채소이다. 철분(Fe)도 칼슘과 함께 비교적 부족하기 쉬운 영양소이다. 녹황색 채소에 들어 있는 철분은 육류의 것보다 흡수율은 높지 않지만, 철분의 흡수를 돕는 것이 비타민 C이므로 육류 요리에 녹황색 채소를 듬뿍 곁들여야 철분을 효과적으로 흡수할 수 있다.

식물 섬유의 작용

채소에는 인체 내의 소화효소로는 소화되지 않는 식물 섬유 (dietary fiber)가 1% 정도 함유되어 있다. 식물 섬유는 양배추, 시금치, 쑥갓, 상추, 우엉, 당근 등에 풍부하게 들어 있다. 식물 섬유는 영양소로 되지는 않지만 장의 활동을 촉진시키고, 정장 작용으로 변을 잘 보게 하며, 담즙산을 흡착하여 배설함으로써 혈중이나 간장의 콜레스테롤 수치를 낮추는 역할을 한다.

체질의 산성화 방지

무기질 중 인(P), 황(S), 염소(Cl) 등은 산성 원소이고, 칼륨(K), 칼슘(Ca), 나트륨(Na), 마그네슘(Mg), 철(Fe) 등은 알칼리성 원소이다. 파를 제외한 채소의 대부분은 알칼리성 원소가 더 많은 알칼리성 식품이다. 알칼리성 식품은 섭취하면 체질의 산성화를 막아서 노화를 더디게 해준다.

항암 및 질병 예방

최근 새롭게 인식되고 있는 채소의 기능은 생체 방어, 생체 조절 기능이다. 마늘과 양파뿐만 아니라, 딸기 같은 과일이나 배추과 채소에도 항암 작용이 뛰어난 물질이 있다.

또한 채소에는 여러 가지 색소가 생성되는데 색소 가운데 안토시아닌은 항산화작용을 함으로써 노화를 억제시키는 효과가 있다. 시금치, 쑥갓, 브로콜리, 우엉 등과 같은 채소도 토마토와 마찬가지로 혈전을 예방하는 효과가 있다. 그 밖에도 혈압을 안정시키고 간 기능을 강화시키는 등 질병의 예방과 건강 증진에도 효과가 있다.

정서적 측면

다양한 채소 요리는 미각, 시각, 후각, 촉각 등을 만족스럽게 변화시킴으로써 식사의 즐거움을 배가시켜 준다. 한편 가정에서 직접 채소를 키워보는 것은 자연과 접할 수 있는 가장 좋은 길이다. 채소를 가꾸는 일은 스트레스 해소와 더불어 정서적인 면에서도 매우 유익할 것이다.

TIP 알칼리성 식품

사람의 몸에는 pH7.4 정도의 약알칼리성이 좋다고 한다. 그렇다면 이상적인 pH를 유지하기 위해 어떤 식품을 섭취하는 것이 좋을까? 어떤 것이 알칼리성 식품이고 어떤 것이 산성 식품일까?

채소에는 칼륨 성분이 많이 함유되어 있는데, 그 이유는 채소 재배에 칼륨비료를 많이 사용하기 때문이다. 또한 잎채소와 줄기채소에는 칼슘이, 뿌리채소에는 마그네슘이 비교적 많이 함유되어 있다. 채소에 들어 있는 나트륨, 철 등은 모두 체내에서 알칼리성을 나타내는 성분들이다. 반대로 인이나 염소 등은 체내에서 산성을 나타내며, 이러한 성분이 많이 함유된 식품을 산성 식품이라고 한다. 신맛의 유무는 산성 식품과 알칼리성 식품을 구분하는 데 전혀 관계가 없다.

• 알칼리성 식품 : 채소, 과일, 가공되지 않은 견과류, 씨앗류, 해조류, 우유, 천연 식초
• 산성 식품 : 육류, 어류, 유제품, 쌀, 밀가루 등 곡류, 인스턴트 식품

텃밭 가꾸기 기초 상식

씨앗 뿌리기

일반적으로 씨앗을 넣는 깊이는 씨앗 두께의 3~5배가 적당하다. 씨앗을 뿌린 후에는 흙이 마르지 않도록 물을 주어야 하며, 이후에도 가급적 오전에 물을 준다.

솎아주기

씨가 발아한 후 어느 정도 자라면 어린 모종들이 밀생하지 않도록 솎아주어야 한다. 작물에 따라 1~3회의 솎음작업을 해야 하는데, 무의 경우는 본잎이 5매 내외 나왔을 때 마지막 솎음작업을 해준다.

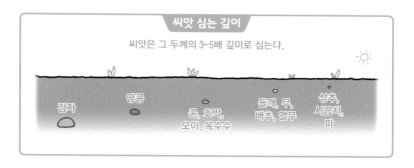

씨앗 심는 깊이

씨앗은 그 두께의 3~5배 깊이로 심는다.

감자 / 땅콩 / 콩, 호박, 오이, 옥수수 / 들깨, 무, 배추, 열무 / 상추, 시금치, 파

마지막 솎음작업을 할 때에는 작물별로 알맞은 간격을 감안해 솎아 준다.

아주심기

채소를 심을 때 씨앗을 직접 땅에 뿌려 재배하는 직파재배와 씨앗을 묘상에서 일정 기간 가꾼 모종을 밭에 심는 옮겨심기가 있다. 이와 같이 더 이상 옮겨 심지 않고 완전하게 심는 것을 아주심기라고 한다. 아주심기는 햇빛이 좋고 바람이 없는 맑은 날에 한다(땅 온도는 15℃ 이상 유지). 채소 모종을 옮겨 심을 때는 모판에서 꺼낼 때부터 뿌리에 붙은 흙이 떨어지지 않도록 주의한다. 아주심기를 한 채소의 뿌리가 활착되었는지는 이른 아침에 잎의 가장자리에 이슬이 맺히는 것으로 판단할 수 있다. 일반적으로 활착까지는 작물과 환경조건에 따라 5~10일 정도 걸린다.

비료

비료의 3요소인 질소, 인산, 칼륨이 부족하면 충분한 수확량을 얻지 못한다. 반면 너무 많이 주어도 생육이 불량해지므로 다소 부족한 듯 주는 것이 좋다. 비료는 밑거름(씨앗 심기 전 밭을 만들 때 넣는 비료)과 웃거름(생육기간 중 추가로 넣는 비료)으로 나뉜다. 대부분의 식물은 자라는 동안의 중·후반기에 왕성한 생육이 이루어지므로 이때 가장 많은 비료가 필요하다. 대량 수확을 하지 않는 텃밭농사에서는 토양환경을 유지하는 데 좋은 친환경 비료를 쓰는 것이 좋다.

멀칭비닐(필름)

멀칭비닐은 잡초 발생 억제효과, 토양의 양분과 수분 보존 그리고 지온 상승과 안정이 주목적이다. 또한 비에 의해 토양이 유실되는 것을 방지하며 진딧물 억제의 용도로도 쓰인다. 멀칭용 비닐은 아주심기 3~4일 전에 미리 덮어주는데, 이는 지온을 높여 뿌리가 잘 내릴 수 있도록 해주는 것이다. 흑색 비닐로 덮은 경우 아주심기 후 바로 환기 구멍을 뚫어주어 지온의 이상 상승에 의한 피해가 발생하지 않도록 주의한다.

멀칭비닐의 종류

- **흑색비닐** : 가장 많이 사용하는 비닐로 잡초 발생을 억제하고 여름철 작물 재배 시 지온을 안정시켜 준다. 그렇지만 겨울철 촉성 재배 시 높은 지온을 요구하는 작물에는 적당하지 않다.
- **배색비닐** : 가운데가 투명하고 양쪽은 흑색인 비닐이다. 흑색 부분은 광선을 차단하여 잡초 발생을 억제하고, 중앙의 투명 부위는 지온 상승의 효과를 가져와 작물의 활착을 좋게 한다.
- **녹색비닐** : 흑색과 투명비닐의 중간 성질을 가지고 있다. 흑색비닐보다 지온은 높고, 어느 정도 잡풀은 자란다. 멀칭 후 터널 피복 시 내부 온도가 급상승하므로 환기 관리에 유의한다.
- **흑백비닐** : 안쪽(흑색)과 바깥쪽(흰색)이 각기 다른 형태로, 아주심기 초기의 지온 상승과 여름철 고온기의 지온 상승 방지 효과가 있으며, 안쪽 검은색은 잡초 성장을 억제하는 효과가 있다.
- **유공비닐** : 직물의 재식거리와 폭에 맞게 일정한 구멍이 뚫려 있는 비닐이다. 작업이 편리하고 통풍이 잘돼 작물 생육에 좋은 환경을 제공하며, 인건비 부담도 경감되고 경작 면적을 최대화할 수 있다.

강도에 의한 구분

- **저밀도필름** : 인장 강도가 높고 고밀도필름보다 두껍다 (0.02~0.1mm). 단기 비닐하우스 피복, 멀칭 피복, 공업용 등으로 쓰인다.

- **고밀도필름** : 저밀도필름보다 인장 강도가 낮고 내구성은 강하다. 두께가 얇고(0.01~0.015mm), 주로 멀칭 피복용으로 쓰인다.

기타

- **사이즈** : 폭 50cm~3m, 길이 200m, 500m 등 다양한 사이즈가 시판되고 있다.
- **두께** : 보통 고추나 참깨 등은 두께가 0.015mm인 것으로 하고, 땅콩은 더 얇은 것으로 멀칭해야 꼬투리가 비닐을 뚫고 들어간다. 과수 등 다년생 수목은 0.03~0.05mm가 적당하다.
- **유공 간격** : 유공비닐을 사용할 경우는 유공 간격에 따라 작물이 정해진다. 가로×세로 간격이 참깨는 30×12cm, 마늘은 12×15cm, 상추는 18×20cm를 사용한다.

이어짓기와 돌려짓기

　동일한 작물을 해마다 같은 땅에서 계속 재배하면(이어짓기) 병충해가 늘어나기도 하고, 흙 속의 특정한 비료 성분이 적어지기도 한다. 이럴 경우 적당한 작물을 잘 조합해 돌려짓기를 하는 것이 좋다. 돌려짓기의 경우 같은 과에 속하는 작물이나 이용 측면에서 같은 종류의 식물을 연달아 재배하지 않도록 한다. 가장 바람직한 방법은 잎채소 → 뿌리채소 → 열매채소를 번갈아 키우는 것이 좋다.

직파와 육묘에 따른 채소의 분류

직파 재배하는 채소: 무, 완두, 순무, 쑥갓, 당근, 시금치, 우엉, 마늘, 근대, 쪽파, 아욱, 토란

직파와 육묘를 같이 할 수 있는 채소: 들깨, 양배추, 배추, 도라지, 상추, 오이, 호박, 옥수수, 파, 콩, 감자

반드시 육묘를 해야 하는 채소: 토마토, 딸기, 가지, 고구마, 고추, 미나리, 참외

이어짓기에 따른 채소의 분류

이어짓기 장애가 없는 채소: 호박, 양파, 옥수수, 파, 상추, 마늘, 근대, 무, 쑥갓, 당근, 청경채, 감자, 케일

이어짓기 장애가 있는 채소: 고추, 양배추, 오이, 양상추, 가지, 브로콜리, 완두, 콜리, 토마토, 플라워, 수박, 시금치, 참외, 토란, 멜론, 우엉

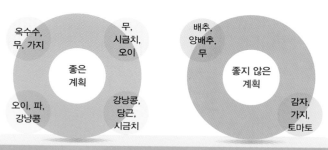

돌려짓기의 사례

좋은 계획: 옥수수, 무, 가지 / 무, 시금치, 오이 / 오이, 파, 강낭콩 / 강낭콩, 당근, 시금치

좋지 않은 계획: 배추, 양배추, 무 / 감자, 가지, 토마토

◀ 규모별 작물 선정 및 텃밭농사 계획 ▶

	소규모(1~2평)		
작물 선정	• 식물의 크기가 작은 채소 • 생산량이 많은 채소 • 여러 회 수확할 수 있는 채소 • 이어짓기 장애가 없는 채소	상추, 시금치, 들깨, 밭미나리, 20일 무, 알타리무 등	• 생육기간이 짧으므로 정밀관리 필요 • 큰 화분을 이용한 과일채소 재배 가능 • 지력 소모가 많아 지력 증진에 힘쓸 것

텃밭농사 계획		1월	2월	3월	4월	5월	6월	7월	8월	9월	10월	11월	12월
1평형 (2구획)	0.5평				상추 등 쌈채소		열무				총각무		
	0.5평			완두			시금치				배추		
2평형 (4구획)	0.5평				상추 등 쌈채소		열무				갓		
	0.5평			완두			시금치			배추 · 무			
	0.5평				옥수수								
	0.5평					고구마							

	중규모(3~5평)		
작물 선정	• 3~5개로 구획하여 돌려짓기 하며 가꿀 수 있는 채소 • 식물의 크기가 큰 채소 • 가족이 좋아하는 채소	소규모 채소 이외에 배추, 고추, 당근, 파, 완두콩, 생강, 옥수수 등	• 가족 선호 채소 선택 재배 가능 • 구획별 돌려짓기로 지력 소모와 연작 장애 극복

텃밭농사 계획		1월	2월	3월	4월	5월	6월	7월	8월	9월	10월	11월	12월
3평형 (4구획)	0.5평				상추 등 쌈채소		열무			갓			
	0.5평			완두			시금치			배추 · 무			
	1평				옥수수								
	1평			마늘					열무		마늘		
4평형 (5구획)	0.5평				상추 등 쌈채소		열무			갓			
	0.5평			완두			시금치			배추 · 무			
	1평				옥수수								
	1평					고추 또는 고구마							
	1평			마늘					열무		마늘		

5평형 (6구획)

텃밭농사 계획		1월	2월	3월	4월	5월	6월	7월	8월	9월	10월	11월	12월
5평형 (6구획)	0.5평				상추 등 쌈채소			열무		갓			
	1평					토마토 또는 오이				당근			
	0.5평			완두			시금치			배추 · 무			
	1평				옥수수								
	1평					고추 또는 고구마							
	1평	마늘							열무		마늘		

	대규모(6~8평)		
작물 선정	• 6개 이상으로 구획 재배 • 기본적인 김치 재료 채소 • 다량 소비가 가능한 채소 • 지력 회복 가능한 콩과 채소	중소규모 채소 이외에 호박, 토란, 감자, 마늘, 강낭콩, 부추, 도라지 등	• 선호 채소 선택 재배(월동채소도 가능) • 장기간 수확 채소 재배 가능 • 돌려짓기 가능

6평형 (7구획) / 8평형 (7구획)

텃밭농사 계획		1월	2월	3월	4월	5월	6월	7월	8월	9월	10월	11월	12월
6평형 (7구획)	0.5평				상추 등 쌈채소			열무		갓			
	0.5평			완두			시금치			배추 · 무			
	1평				옥수수								
	1평					고추 또는 고구마							
	1평					토마토 또는 오이				당근			
	1평					감자				파			
	1평	마늘							열무		마늘		
8평형 (7구획)	1평				상추 등 쌈채소			열무		갓			
	1평					토마토 또는 오이				당근			
	1평			완두			시금치			배추 · 무			
	1평				옥수수								
	1평					고추 또는 고구마							
	2평					콩 또는 호박							
	1평	마늘							열무		마늘		

※ 우리나라 기후에 알맞은 채소 : 상추, 쑥갓, 시금치, 무, 배추, 감자, 당근, 완두콩, 강낭콩, 생강, 토마토, 호박, 단옥수수, 고추, 마늘, 파, 미나리, 부추, 토란, 도라지 등

농기구와 농자재

  텃밭을 일구는 데 필요한 농기구와 농자재는 대규모 영농과 크게 다르지 않다. 어떤 것이 있는지 알아보고 필요한 것들만 구입해 사용한다.

1 양괭이 : 흙을 파거나 부수며 고랑을 내는 데 사용한다.
2 쇠스랑 : 거친 퇴비를 끌거나 옮기는 데 사용한다.
3 쇠갈퀴 : 흙덩이를 부수거나 밭 고를 때 사용한다.

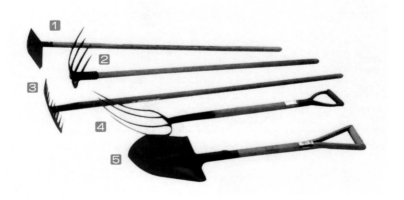

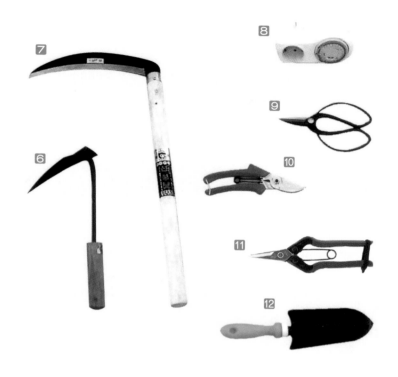

4 호크 : 거친 퇴비를 운반차에 싣거나 퍼내는 데 사용한다.

5 삽 : 밭을 파거나 고랑을 내는 데 사용한다.

6 호미 : 김매기에 사용한다.

7 낫 : 풀을 베는 등 다용도로 사용한다.

8 타이머 : 전기모터펌프를 가동할 때 사용한다.

9 원예용 가위 : 수확하거나 줄기를 자르는 데 사용한다.

10 전정가위 : 가지를 치거나 줄기를 제거할 때 사용한다.

11 전과가위 : 과실을 수확하거나 열매를 딸 때 사용한다.

12 모종삽 : 모종을 심거나 뽑기 위한 구멍을 파는 데 사용한다.

1 분무기 : 병충해 작물보호제(농약) 방제나 엽면시비용으로 사용한다.

2 양동이 : 물주기 때 사용한다.

3 물주기용 호스 : 밭에 물을 줄 때 사용한다.

4 물뿌리개 : 밭에 물을 줄 때 사용한다.

5 비커 : 비료나 작물보호제(농약) 혼합 시 사용한다.

6 저울 : 작물보호제(농약)를 희석할 때나 수확 시 사용한다.

7 소형 분무기 : 작은 면적의 병충해 방제 시 사용한다.

8 스프레이 : 엽면시비나 호르몬제 처리 시 사용한다.

9 128공 트레이 : 상추 등 잎채소 육묘용

10 72공 트레이 : 토마토, 고추 등 열매채소 육묘용

11 50공 트레이 : 오이, 호박 등 잎이 큰 채소 육묘용

기본 관리 요령

밭 만들기

흙의 상태를 모래알처럼 따로 노는 단립 상태에서 폭신폭신한 입단 상태로 만들기 위해서는 우선 밭을 갈아줘야 한다. 밭을 갈기 전에는 퇴비와 석회, 그리고 필요에 따라 토양개량제 등을 넣고 작물에 따라 화학비료도 첨가할 수 있다. 그런 다음 작물에 따라 적당한 폭으로 이랑을 만드는데 이랑의 높이가 20cm 이상은 되어야 비가 왔을 때 과습으로 인한 피해를 입지 않고 병충해도 막을 수 있다. 화분이나 용기의 흙도 미리 만들어 놓아야 한다.

비료 주기

밑거름은 작물을 심기 2주 전에는 주어야 비료에서 생기는 유해

가스의 피해를 막을 수 있다. 10m²(3평)당 퇴비는 10kg 정도면 충분하나 빽빽하게 심는 작물의 경우에는 30kg까지 많이 줄수록 좋다.

고토석회를 밑거름으로 쓰면 산성 토양의 중화는 물론 칼슘 및 마그네슘 성분까지 보급할 수 있어 좋다. 고토석회 1.5kg과 용성인비 0.3kg 정도가 밑거름으로 필요한 양이다.

채소 작물을 가꿀 때 질소 성분으로는 주로 요소 비료를 많이 쓰고 칼륨 성분으로는 염화칼륨을 많이 쓰는데, 이 두 성분은 효과가 빨리 나타나는 대신 흙 속에서 빨리 없어지기 때문에 밑거름만 가지고는 부족하다.

특히 과실을 맺어야 하는 작물은 더욱 이들의 웃거름을 주어야 한다. 보통 10m²당 요소와 염화칼륨 100g씩은 밑거름으로 주어야 기본적인 비료량이 충족되며 웃거름으로는 각각 200g 정도를 두세 번 나눠줘야 한다.

웃거름은 보통 20~30일 간격으로 준다. 과실을 계속 따야 하는 오이, 토마토, 풋고추와 같은 작물은 짧은 간격으로 자주 주되, 웃거름의 양을 더 늘려도 좋다. 웃거름의 양은 처음에는 작물의 크기가

웃거름 주는 위치

작기 때문에 적은 양으로 하고 작물이 커 감에 따라 점점 양을 늘리
되, 그 총량을 10m²당 200~300g이 되게 맞추면 된다. 요즘에는 물
비료가 많이 나와 있어 대신 이용하면 편리하다.

씨뿌리기

　무와 상추는 중간에 옮겨 심으면 제대로 자라지 못하므로 밭에다
직접 씨를 뿌리지만, 나머지 채소 작물들은 대부분 씨를 뿌려 어린
묘를 가꾼 후에 적당한 크기로 자라면 밭에 옮겨 심는다.

　종자의 크기가 작은 것은 흩뿌리는 것이 편하고, 호박과 같이 종
자가 큰 것일수록 점뿌리기를 하여 일정한 간격을 두고 한 알씩 뿌
리는 것이 편하다. 그러나 대부분은 줄뿌리기를 한다. 싹이 트면 작
은 비닐포트에 옮겨 심는데 이 과정에서 싹이 트지 않은 것을 추려
낼 수 있기 때문에 모종을 고르게 관리할 수 있다. 집에서 적은 양을
할 때는 처음부터 비닐포트에 씨를 뿌려 모종을 키울 수도 있다.

　씨를 뿌리고 종자 두께의 2~3배 정도의 높이로 흙을 덮어준 후
물줄기가 약한 작은 구멍의 물뿌리개로 살살 물을 주고 나서 신문지

로 덮어 물이 빨리 마르지 않도록 해준다. 싹이 트는 즉시 신문지를
걷어서 햇빛을 잘 받게 해줘야 모종이 웃자라지 않고 튼튼해진다.

흩뿌리기 • 아주 작은 씨앗은
  흙을 평탄하게 고른 후 씨앗
  을 골고루 겹치지 않게 살살
  뿌려준다. 그 위에 고운 흙을
  살살 뿌려서 씨앗이 보이지
  않게 덮는다. 분무기를 이용
  해 촉촉하게 물을 뿌려준다.

흩뿌리기

줄뿌리기 • 보통 크기의 종자들
  은 줄을 만들어 뿌린다. 1cm
  깊이로 판 줄을 5~6cm 간격
  으로 만든다. 파낸 골을 따라
  씨앗을 겹치지 않도록 적당한
  간격으로 놓는다. 흙을 1cm
  두께로 덮은 후 물줄기가 약
  한 물뿌리개로 물을 뿌린다.

줄뿌리기

점뿌리기 • 호박처럼 씨가 굵은
  경우에는 점점이 파종한다.
  1cm 깊이의 구멍을 20cm 정
  도의 간격으로 판다. 모판일
  경우에는 한 알씩 넣으면 되
  고, 직접 밭에 씨를 뿌릴 때는
  한 구멍에 두세 알은 넣어야

점뿌리기

28

나중에 비는 구멍을 막을 수 있다. 심은 후에는 흙으로 덮고 물을
뿌려준다.

모종 키우기

미리 만들어 놓은 상토에 씨를 뿌렸으면 대개 모종을 밭이나 화분
에 옮겨 심을 때까지는 별도의 영양분이 필요하지 않다. 그러나 고
추와 같이 긴 기간을 육묘하다 보면 양분이 부족해질 수 있다. 그럴
때는 물 비료를 주면 된다. 흙이 건조해지면 시들기 전에 물을 주는
것이 필요하다.

온도 관리는 대부분 생육적정온도보다 다소 높게 유지하는 것이
좋다. 그러나 밭에 옮겨심기 전 3일 정도는 바깥 온도와 비슷한 온
도에서 모종을 단련시켜야 옮겨심은 후에도 잘 자랄 수 있다.

아주심기

아주심기 전날 모종에 물을 충분히 주어 다음 날 비닐포트를 빼낼

때 뿌리 주변의 흙이 떨어지지 않도록 준비해 놓는다. 작물에 따라 정해진 간격을 맞추어 구덩이를 넉넉하게 파고 모종을 옮겨 심는다.

너무 깊게 심으면 줄기 부분에서 새 뿌리가 나와 활착이 늦고, 얕게 심으면 땅 표면에 뿌리가 모여 건조의 해를 받게 되므로 본래 포트의 높이대로 맞춰 심어야 한다.

심고 나서는 모종 주위로 지름 15cm 정도 되게 동그랗게 구덩이를 파고 물을 넘치지 않게 준다. 물이 스며들면 파낸 흙으로 다시 덮어주어야 물이 쉽게 마르지 않고 오래 간다. 비닐을 씌어주면 물이 빨리 증발하지 않아 훨씬 관리가 편하다.

검은 비닐	빛을 통과시키지 못해 지면을 덥지 못하므로 여름에 좋다. 특히 잡초의 씨앗은 빛이 없으면 싹이 트지 못하는 광발아성이므로 검은 비닐 아래에서는 잡초가 자라지 못한다.
투명 비닐	빛을 통과시키므로 비닐 안에 복사열이 갇혀서 땅을 따뜻하게 해주기 때문에 겨울철이나 이른 봄에 알맞다.

🌱 물 관리

물을 너무 많이 주면 웃자라서 병이 생기기 쉽고 부족하면 굳어져서 잘 자라지 못한다. 이론적으로 물 주는 양을 따지는 것은 어려운데, 저녁 무렵 상토 표면이 퍽퍽하게 말라 있으면 물을 줄 때가 된 것이라고 보면 된다.

TIP 광발아성

보통 씨앗들은 흙 속의 어두운 상태에서 온도와 수분 조건이 적당하게 되면 발아하게 되는 암발아성 종자이지만, 잡초나 잔디 씨앗들은 아무리 온도와 수분이 적당한 상태가 되어도 흙 속에 깊이 묻혀서 빛을 받지 못하면 발아하지 못한다.

이렇게 발아하는 데 광선이 필요한 종자를 광발아성 종자라고 한다. 채소 중에는 상추 씨앗이 그러한 성질이 있어서 씨를 뿌린 후 모래로 덮어주면 발아가 잘 된다. 하지만 요즘의 개량된 품종들은 어두운 상태에서도 웬만큼 발아가 잘된다.

　물은 조금씩 자주 주는 것은 좋지 않고 한 번에 뿌리 밑까지 젖도록 충분히 주는 것이 바람직하다. 추울 때 찬물을 주면 작물이 스트레스를 받으므로 20℃ 정도의 물을 주어야 한다.

병해충 방제

　온도가 높고 수분이 많거나 일조량이 부족한 경우, 또 식물체가 번잡하게 자라 바람이 잘 통하지 않을 때, 지상부에 병해충이 많이 생긴다. 또 밭의 물이 잘 빠지지 않을 경우나 산성 토양일 경우에도 뿌리 쪽을 통해 병해충이 생기기 쉽다.

- **병에 강한 품종 :** 씨앗을 고를 때 종묘상에 문의하여 결정한다.
- **적기 재배 :** 재배 적기에 건강하게 키운 작물은 아무래도 병해충이 덜 생긴다.
- **통풍 :** 포기 사이가 서로 겹치지 않도록 이랑 폭을 여유 있게 한다. 베란다의 경우에는 창문을 열어 환기시켜 준다.
- **연작 회피 :** 같은 종류의 채소를 같은 밭에서 연속적으로 키우면 토양을 통해 생기는 병이 옮을 위험성이 있다. 화분 등의 용기를 이용할 때도 같은 흙을 계속 쓰면 토양에서 병이 전염될 수 있다.
- **배수 철저 :** 비가 와도 물이 고이지 않도록 배수구를 확실히 만든다.
- **산성 토양의 개선 :** 산성 토양은 석회를 뿌려 중화시킨다.
- **균형 시비 :** 인산, 칼륨 등의 균형이 맞도록 비료를 선택한다.

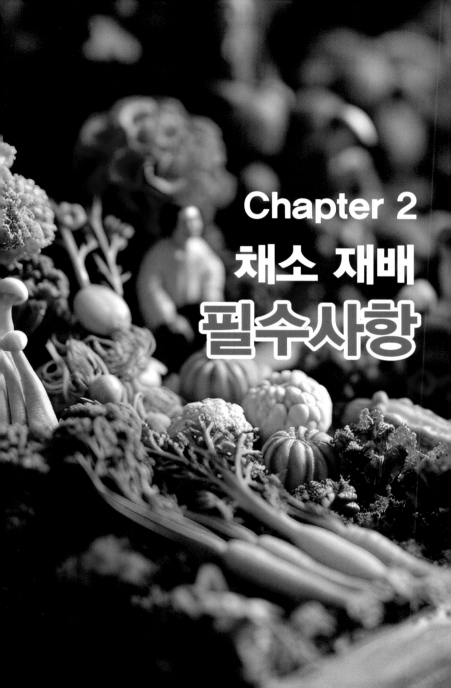

Chapter 2
채소 재배
필수사항

흙(배양토)

식물을 키우는 데 쓰는 흙은 배양토, 배합토, 용토 또는 상토라고도 부른다. 흙은 식물이 뿌리를 내리고 서 있게 하는 지지 역할을 한다. 또한 흙 속에 포함되어 있는 물과 영양분을 식물의 뿌리에 공급하여 식물을 성장시키는 역할을 한다.

채소를 모래흙이나 찰흙에서 키울 때 생기는 문제점		
채소	모래흙	찰흙
배추	병해, 동해, 가뭄의 해를 입기 쉽다.	비교적 병해에 강하지만 수확이 늦다.
무	뿌리에 바람 들기 쉽고 저항력이 약하다.	잔뿌리가 많고 뿌리가 갈라지기 쉽다.
우엉	바람 들기 쉽고 향기가 적다.	모양이 고르지 않다.
양파	잎의 짜임새가 허술하고 얇으며 저항력이 약하다.	수확이 늦어지고 알이 작으며 위로 솟아 있다.
마늘	병해가 많고 통의 짜임새가 허술하다.	비교적 병해가 적지만 수확이 늦다.
수박	과육의 질이 불량하여 무르기 쉽다.	수확이 늦고 통이 작다.
딸기	과육이 무르고 꽃 수에 비해 과실 수가 적다.	수확이 늦고 과실 크기가 작다.

좋은 흙이란

공기가 잘 통할 것 • 식물의 뿌리는 살아서 호흡해야 하므로 흙 속의 산소가 필요하다. 만약 흙 속에 공기가 통하지 않으면 뿌리의 활동이 나빠져 채소가 잘 자라지 못한다.

물빠짐이 좋을 것 • 대부분 공기가 잘 통하는 흙은 배수도 잘되는 것이 보통이다. 벼와 수생식물 등 일부 식물을 제외하고 대부분 식물의 뿌리는 물 속에서는 호흡할 수가 없어 질식하여 죽는다. 배수가 나쁜 흙에 심었을 때 뿌리가 잘 썩고, 반대로 물이 너무 잘 빠지는 흙은 건조하기 쉬우므로 배수 관리에 신경 써야 한다.

물을 잘 지니고 있는 흙 • 배수가 너무 잘 되는 흙은 건조하기 쉬우므로 물을 자주 주어야 할 필요가 있다. 그래서 배수가 잘됨과 동시에 어느 정도 보수력이 있는 흙이 바람직하다.

그러나 이와 같이 이상적인 흙은 그렇게 흔하지 않기 때문에 실제로는 유기질 비료를 주거나, 여러 가지 흙을 섞어서 흙 만들기부터 제대로 해야 한다. 일반적으로 전체 부피의 절반이 틈새이고, 다시 그 공간의 절반이 물, 나머지 절반이 공기로 채워져 있는 흙이야말로 식물이 자라는 데 이상적인 상태이다.

양분을 충분히 지니고 있는 흙 • 이른바 흙이 비옥해야 한다는 뜻이다. 식물이 자라는 데 중요한 요소로, 자세한 설명은 비료 부분을 참고하기 바란다.

병해충이 없는 흙 • 작물이 심어져 있던 흙이라면 병균이나 해충이 있을 수 있으므로 신경 써야 한다. 같은 작물을 같은 토양에 계속 심었을 때 피해가 있는 작물들(참외, 오이, 수박 등)은 대개 이러한 병이나 해충의 해에 의한 경우가 많으므로 2년 이상 연작한 흙은 같은 채소에 쓰지 않도록 유의한다.

여러 가지 흙

밭흙 • 작은 흙 알갱이들이 모여서 쌀알에서 콩알 정도의 입단 상태를 하고 있는 흙으로, 한 번 건조하면 비교적 잘 부서지지 않는다. 보통 흙색이라고 하는 갈색 내지 검은 토양 지대에서 구할 수 있다.

밭흙

황토 • 황갈색의 점질토로 말리면 체로 쳐서 입자가 큰 흙과 입자가 작은 흙으로 나눠 쓸 수 있다. 우리 주위에 가장 많은 흙으로 밭흙이나 모래에 혼합하여 쓰기도 한다.

황토

논흙 • 찰기가 있는 흙으로 건조하면 딱딱하게 굳어진다. 물과 영양분(비료)을 지니는 힘이 강하므로 황토나 모래, 부엽(썩은 잎)과 섞어서 쓰면 채소 재배에 좋다.

모래 • 강모래와 산모래가 쓰이며 물이 잘 빠지므로 각종 흙과 혼합해서 쓴다.

버미큘라이트(vermiculite) • 질석을 고열 처리하여 만든 인공 토양으로서 운모와 같이 가벼우며 수분 흡수력이 매우 강하다. 통기, 배수, 보수성 등이 우수하여 토양개량제로서 다른 흙과 혼합하여 쓰면 적합하다. 화원이나 원예종묘상에서 쉽게 구할 수 있다.

버미큘라이트

펄라이트(perlite) • 진주암을 분쇄하고 고열 처리하여 원래 크기의 10배 정도의 부피로 가공한 아주 가벼운 흰색의 인공 토양이다. 버미큘라이트와 같은 용도로 쓰이며, 화원이나 원예종묘상에서 구할 수 있다.

펄라이트

피트모스(peat moss) • 온대 습지에서 죽은 물이끼 등이 퇴적 분해되어 토탄이 된 것으로 갈색이다. 피트와 마찬가지로 강산성으로 반드시 석회로 중화해서 써야 하며, 배합토의 재료로 쓰이는 것 이외에 퇴비 대용으로도 쓰인다. 화원이나 원예종묘상에서 구할 수 있다.

피트모스

훈탄

훈탄(薰炭) • 왕겨를 태운 것으로 다른 흙과 혼합하여 쓴다.

피트(peat) • 연못 밑바닥에서 나오는 검은색 입단 상태의 흙으로서
물이끼(수태), 고사리류, 풀 등이 습지에서 퇴적해서 변질된 것이
다. 보수력과 통기성이 좋아서 퇴비나 부엽과 마찬가지로 다른 흙
과 섞어서 쓰며, 산성이므로 반드시 석회를 같이 써야 한다.

TIP 토양의 구조

모래처럼 입자들이 따로따로 노는 것을 단
립(單粒) 상태, 점토질의 토양처럼 입자들이
서로 붙어 있는 것을 입단(粒團) 상태라고
한다. 입단 구조에서는 입단들 사이에 공간
이 비교적 많이 확보되어 물을 잘 지닐 수
있고 토양 미생물의 활동도 왕성하다. 말
그대로 흙이 살아 있는 것이다. 밭을 갈아
주는 것은 이러한 토양의 입단화를 촉진하
는 방법인데, 토양 속에 수분이 적당히 있
을 때 갈아줘야 그 효과가 크다.

단립
모래처럼 입자
들이 따로따로

입립
입단들 사이에
토양 미생물의
활동도 왕성

부엽토(腐葉土) • 말 그대로 낙엽을 모아서 썩힌 것으로 흙과 혼합하여 쌓은 뒤 발효시킨 것이다. 침엽수보다는 상수리나무, 졸참나무, 밤나무, 떡갈나무 등의 낙엽이 좋다. 다른 흙과 섞으면 토양 개량에 도움이 되

부엽토

고, 분해하면 비료로도 사용할 수 있다. 특히 분 재배에는 없어서는 안 될 재료이다. 화원이나 원예종묘상에서 쉽게 구할 수 있다.

토양개량제

미생물 제제 • 효소와 미생물을 이용하여 유기물을 작물이 흡수하기 쉬운 무기태 상태로 도와주는 역할을 한다. 유기물이 분해 생성된 동물성 아미노산을 주원료로 키토산, 유기산 및 숙성된 목초액 등의 생리활성 물질과 각종 미량 요소를 첨가하여 만든 제품이다. 미생물 제제가 토양 중에 있으면 양분이 작물에 빨리 흡수되며, 토양의 양분 보유 능력이 높아져서 각종 병해에 대한 저항력이 향상되고 생리장해 회복 효과를 크게 한다.

시판하고 있는 토양개량제

부식산(humic acid) • 토양에 존재하는 유기물이 미생물에 의하여 분해되면서 변형 또는 합성된 암갈색의 복잡 다양한 물질이다. 부식산은 양분 보유 능력이 높기 때문에 토양 중에 섞여 있으면 유효한 영양 성분이 빠져나가거나 못쓰게 변하는 것을 막아주고 작물에 지속적으로 충분한 영양을 공급해 주는 역할을 한다.

숯(charcoal) • 나무를 태워 탄화시킨 숯을 토양에 투입하는 것은 자연산물을 토양에 돌려주어 비옥하게 한다는 뜻이다. 숯은 특히 토양 속의 작물보호제 등 환경오염물질이나 유해 물질 등을 빨아들여 토양을 깨끗하게 한다.

스펀지 소일(sponge soil) • 주로 '유카'(화단용 여러해살이 관상식물)라는 식물에서 추출하여 만든 토양 구조 개선제로, 토양의 통기성과 배수성을 좋게 하고 물도 잘 흡수하게 한다. 물이 잘 안 빠지는 토양, 특히 찰흙 성질의 토양(점질토)을 개선하는 데 효과적이다.

좋은 흙 만들기

뜰이나 텃밭의 흙 만들기 • 흙의 통기성이나 배수를 좋게 하려면 흙 입자의 틈이 많아야 한다. 단단하게 굳어버린 땅은 파서 뒤집으면

TIP **목초액의 이용방법**

목초액은 숯을 굽는 과정에서 발생되는 연기를 냉각하여 얻는데, 친환경농업의 토양개량제로도 쓰인다. 퇴비를 만들 때 목초액을 뿌려주면 숙성 기간이 짧아지며, 200~500배로 희석해 채소에 살포하면 해충을 막을 수 있다. 또한 수박, 참외, 멜론 등 당도가 높아야 하는 열매채소 밭에 이 희석액을 비료나 작물보호제에 섞어 1포기당 1L씩 주면 열매의 품질이 좋아진다. 다만 원액의 산도가 pH3.5 이하의 강산성이므로 너무 많이 주어서는 안 된다.

부풀어져 부드러운 흙이 될 수 있지만 그것은 일시적이며 얼마 동안 비바람을 맞고 나면 다시 원상태로 딱딱해진다. 따라서 밭을 파서 일굴 때는 퇴비, 피트, 낙엽 등의 유기물을 섞어주어야 부드러운 상태를 오래 지속할 수 있다. 시중에서 판매하고 있는 부엽토는 그 좋은 예이다.

유기물이 없는 메마른 흙은 대개 입자들이 따로따로 노는 단립 구조로서 틈 없이 다져지기 쉬운 상태이다. 이때 유기물을 투입하면 흙 속에서 부식되어 이것이 흙의 작은 입자를 끌어당겨서 입단 조직을 만들어 많은 틈을 만들게 된다. 그러나 이것도 오랜 기간이 지나면 조금씩 분해되어 식물의 영양이 되므로 본래 상태인 단립 조직으로 돌아가게 된다. 따라서 적어도 1년에 1회씩은 유기물을 보충해 주어야 한다.

화분이나 용기의 흙 만들기 • 정원의 흙을 그대로 용기에 담아 쓰는

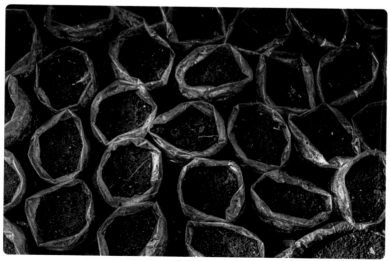
혼합한 흙

것은 좋지 않다. 별도로 배합토를 만들어서 써야 좋다. 일반적으로 잘 사용되는 흙으로는 비옥한 흙(5), 부엽토(3), 모래(2)의 비율로 혼합하는 것이다. 식물의 성질에 따라 건조한 상태를 좋아할수록 모래의 비율을 높게 해야 하며, 용기의 밑바닥일수록 입자가 큰 흙을 넣고 심는다. 용도에 따라 아래와 같이 배합한다.

용도에 따른 배합 비율	
분류	배합 비율
화분용 흙	밭흙(5) + 부엽토 또는 피트(3) + 버미큘라이트(2)
상자(플랜터) 흙	황토(4) + 부엽토(3) + 버미큘라이트(3)
씨뿌리용 흙	부엽토 또는 피트(5) + 모래 또는 버미큘라이트(5)

속성 상토 만들기 • 좀 더 대량으로 상토를 만들려면 밑거름 성분까지 넣어서 만들어야 비료를 자주 주지 않아도 되는 장점이 있으며, 최소 2주일 정도의 시간이 필요하다.

펄라이트와 버미큘라이트

- **상토의 재료**
  - 주재료 : 부엽토, 황토, 마사토(굵은 모래), 논흙, 버미큘라이트, 펄라이트 등
  - 부재료 : 퇴비, 피트모스, 훈탄(왕겨숯), 톱밥 퇴비, 발효 왕겨 등
  - 주재료와 부재료의 혼합비는 75:25에서 50:50으로 한다.
- **비료 양분의 첨가량** : 상토 100kg(약 100L)당 요소 40g, 용성인 비 또는 용과인 200~250g, 염화칼륨 또는 황산칼륨 40g을 혼합한다. 복합비료를 쓰려고 하면 채소용 복합비료(9-12-9)를 상토 100kg당 2.2kg 정도 혼합한다.
- **토양개량제** : 상토 100kg당 석회와 토양개량제를 각 200g 혼합한다.
- **조제 방법** : 심기 2주일 전에 비닐하우스 안에서 주재료와 부재료 그리고 비료 양분과 토양개량제를 골고루 섞어 쌓는다. 약 7일 정도 비닐로 꼭 덮어두었다가 벗겨낸 후 2~3회 뒤적거린 후에 사용한다.

최근의 토양개량제에는 석회가 포함되어 있는 것이 많다.

산성 토양의 개량

흙은 빗물에 씻겨지면 흙 속의 알칼리성 물질이 흘러나가 산성이 되는 것이 보통이다. 또 대부분이 산성인 화학비료에 의해서도 산성이 강해진다. 이와 같이 산성이 강한 흙에서는 흙 속의 칼륨, 칼슘, 마그네슘 등의 성분이 식물에 흡수되기 어려워진다. 또 점토(찰흙)에서 알루미늄이 녹아서 식물의 뿌리를 상하게 하거나 인산 결핍이 생기므로 식물의 생육에 좋지 않은 영향을 미친다.

따라서 산성이 강한 흙에는 반드시 농용(農用)석회나 소석회를 살포하여 흙을 중화시킴으로써 식물의 생육을 도와주어야 한다.

우리나라 토양은 거의 산성토로 되어 있다고 봐도 무리는 없다. 흙의 산성도를 식별하는 간단한 방법은 주위에 나 있는 잡초를 살펴보는 것이다. 가령 쇠뜨기, 질경이, 나무딸기 따위의 잡초가 많고 다른 잡초의 생육이 약한 곳이라면 대부분 강산성 토양으로 봐도 된다.

산성 토양과 과채류 작물의 생육		
분류	대상 작물	적정 산도(pH)
산성토양에서 잘 자라는 채소	수박, 감자, 고구마, 치커리, 토란	5.0~6.8
산성토양에 다소 강한 채소	호박, 고추, 가지, 토마토, 오이, 강낭콩, 무, 당근, 파슬리, 완두, 마늘, 순무, 옥수수	5.5~6.8
산성토양에서 잘 자라지 못하는 채소	셀러리, 시금치, 배추, 양배추, 오크라, 브로콜리, 콜리플라워, 상추, 양파, 파, 리크, 멜론, 피망	6.0~6.8

감자

오이

토마토

브로콜리

물

식물은 체내에 50% 이상, 과실은 80~95%의 물을 함유하고 있다. 따라서 식물의 생명은 거의 물에 의해 유지되는 셈이므로 물이 떨어지지 않게 하는 것이 중요하다. 더구나 식물의 잎에서는 매일 많은 양의 물이 대기 중으로 증발되고 있는데, 그 양은 토마토 한 포기의 경우 하루에 4L나 된다고 한다. 그러므로 가정에 식물이 몇 포기 있으면 가습기를 따로 설치할 필요가 없다.

식물체에서 물의 작용

탄소동화작용의 원료 • 대부분의 녹색식물은 뿌리에서 빨아올린 물과 잎에서 빨아들인 공기 중의 이산화탄소(CO_2)를 원료로 해서 태양에너지를 이용하여 잎에서 탄수화물(전분이나 당분)을 만들어 자기의 생활을 위한 에너지원으로 체내에 저장한다. 탄수화물은 분해되어 에너지를 방출하거나

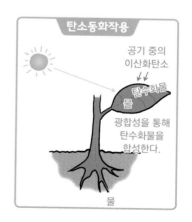

탄소동화작용

공기 중의
이산화탄소
↓↓
탄수화물
물
광합성을 통해
탄수화물을
합성한다.

물

단백질을 합성하는 재료로 쓰이는 중요한 영양분이다. 그 원료가
되는 물이야말로 식물의 생활과 생장의 근원이라 할 수 있다.

물질의 운반을 도와주는 물 • 질소, 인산, 칼륨을 비롯한 토양 속의
비료 성분은 모두 물에 녹은 상태에서 식물의 뿌리를 통하여 체내
에 흡수된다. 따라서 흙의 수분이 부족한 상태에서는 비료도 식물
체 내에 들어가기가 어려워진다. 또 탄소동화작용에 의하여 잎에
서 만들어진 당분 등이 줄기, 뿌리, 과실 등의 다른 장소로 옮겨
질 때에도 물에 의하여 운반된다.

흙 속의 공기를 바꾸어 넣는 물 • 물이 흙 속에서 내려갈 때는 반드
시 공기도 끌려 들어간다. 물은 흙 속의 공기를 바꾸어 넣는 것
에도 도움을 주는 셈인데, 이것은 뿌리의 호흡작용에 있어서 중
요하다.

물 주는 요령

식물을 키우는 일 중에서 물주기는 가장 간단한 것처럼 보이지만
실은 매우 어려운 기술이다.
채소 작물은 비교적 물을 많이 필요로 하는 편이나, 어느 작물이
라도 뿌리가 물에 잠겨 있는 상태라면 뿌리가 제 역할을 거의 못해
생육이 곤란하다. 같은 작물이라도 계절이나 재배 방법이 달라지면
물의 요구량도 달라져야 한다. 이것을 무시하면 물이 너무 모자라
작물이 말라죽게 되거나, 물이 너무 많아 뿌리가 썩을 수 있다.
물은 이른 아침에 주는 것이 효과적이다. 대면적에서 물의 양을
따져서 효율적으로 관수하려면 저녁 때 주어야 대기의 공기가 먼저
식기 때문에 토양 흡수율이 높다. 그러나 가정에서 채소를 재배할
때 밤에 물이 많으면 웃자라기 쉬우며, 낮이나 저녁에 공기가 뜨거

울 때 물을 주면 뿌리가 썩을 수 있다.

물뿌리개의 구멍이 커서 물줄기가 굵으면 토양이 파이고 쉽게 굳게 되므로 가능한 한 구멍이 촘촘한 물뿌리개로 부드럽게 주는 것이 토양 관리에 좋다.

물 주는 양

물은 조금씩 자주 주는 것보다는 한 번 줄 때 듬뿍 주고 용토의 표면이 가볍게 마른 후에 다시 주는 것이 좋다. 더운 시기일 때 낮에 잎이 약간 시든 기미가 보여도 저녁 이후에 회복된다면 걱정할 필요는 없다.

계절에 따라 물 주는 양은 크게 차이가 나지만, 증발에 의하여 소모되는 속도의 차이이므로 물 주는 양보다는 횟수를 조절하는 수밖에 없다.

계절별 물 주는 횟수

봄 · 가을에는 하루에 한 번 정도

여름에는 오전 · 오후 두 번 정도

겨울에는 3~4일마다 한 번씩

- **봄·가을 :** 하루에 한 번 정도 주면 된다.
- **여름 :** 고온기이므로 증발량이 많아 물의 요구량이 특히 많은 시기이다. 한참 자라는 때라면 하루에 2번 정도 주는 것이 좋다. 물 주는 시간은 오전 9시 이전과 오후 4시경이 좋으며, 한낮에는 피하는 것이 좋다.
- **겨울 :** 3~4일에 한 번씩만 준다.

화분이나 상자(플랜터) • 재배 용기에 흙을 채울 때는 용기 꼭대기에서 최소한 2~3cm는 여유를 두어 물을 줄 때 넘치지 않도록 하는 공간이 있어야 한다. 그 공간을 채울 만큼의 양만 주어도 충분하나 좀 더 주어도 배수 구멍으로 물이 새어나가기 때문에 과습 염려는 없다.

텃밭 • 용기에 심었을 때에 비해 그다지 빨리 건조되지는 않지만 비가 너무 많이 오면 과습의 피해를 입을 수 있다. 검은 비닐로 덮어씌우면(멀칭) 물을 자주 주지 않아도 되며 잡초 발생도 막아서 일거양득의 효과를 본다. 예로부터 '물주기 3년'이란 말이 있듯이 물주는 것처럼 어려운 것도 없다. 얼마의 물을 줘야 한다는 규칙이 없기 때문에 흙이 마른 상태와 잎이 시드는 상태를 봐가며 물의양을 조절하는 수밖에 없다.

채소와 물의 관계	
분류	**대상 작물**
다소 건조해도 재배가 잘되는 것	고구마, 수박, 토마토, 땅콩, 잎들깨, 호박 등
다소 습한 토양에서 재배가 잘되는 것	토란, 생강, 오이, 가지, 배추, 양배추 등
다습을 좋아하는 것	연근, 미나리 등

비료(영양분)

비료의 성분과 작용

잡초들은 대부분 흙 속에 있는 비료분을 흡수해 왕성하게 자랄 수 있는 능력을 갖고 있지만, 맛이나 수확량을 좋게 하기 위해 개량된 작물들은 여러 가지 양분이 고르게 갖추어지지 않으면 제대로 흡수하지 못해 균형 있게 성장하지 못한다. 이때 부족한 비료를 제때 주어 영양분을 고르게 흡수하도록 해주어야 잎이 부드러워지고, 꽃이 잘 피어서 탐스런 열매를 맺을 수 있다.

비료 성분들 중에서 가장 흡수량이 많은 것은 질소, 인산, 칼륨이며 이들을 비료의 3요소라고 부른다. 여기에 칼슘을 포함하여 4요소, 또 마그네슘까지 포함하여 비료의 5요소라고도 한다.

질소 • 질소(N)는 식물체 내에서 단백질을 만드는 질소동화작용의 원료 중 하나로 세포의 분열이나 성장에 없어서는 안 되는 성분이다. 또 엽록소의 성분이기도 해서 질소 비료를 주면 잎의 녹색이 진해진다. 이 때문에 질소는 잎 비료 또는 가지(줄기) 비료라고도 하는데, 채소 작물에 있어서는 특히 가장 많이 필요하고 중요한 성분이다.

질소 비료   인산 비료   칼륨 비료

    상추, 배추, 케일과 같은 엽채류는 질소를 과도하게 흡수하면 잎 색깔이 진해지면서 질산염이라는 좋지 않은 성분이 생기므로 질소가 과다하지 않도록 주의한다. 화학 비료로는 요소와 황산암모늄이 있다.

인산 • 인산(P)은 뿌리의 발육이나 생장 촉진에 도움이 될 뿐만 아니라 꽃이나 과실, 종자의 형성에 중요한 성분으로서, 뿌리 비료 또는 종자 비료라고 일컬어진다. 또한 과실 속의 산을 줄이고 단맛을 늘리는 효과도 있다. 비료의 3요소 중에 인산은 한 번 주면 토양 중에서 잘 씻겨 내려가지 않기 때문에 밑거름으로만 주어도 충분하다. 화학 비료는 용과린, 용성인비, 과석 등이 있다.

칼륨 • 칼륨(K)은 식물체 내의 탄수화물이나 단백질의 합성, 이동, 축적 등 생리 작용과 꽃을 피우고 열매를 맺게 하는 데 중요한 성분이다. 따라서 열매 비료라고도 부른다. 또한 추위나 병충해에 대한 저항력도 키워준다. 화학 비료는 염화칼륨과 황산칼륨 등이 있다.

칼슘 • 칼슘(Ca)은 조직을 단단하게 하는 체질 구성 물질로서 엽록소의 생성과 뿌리의 발육에 관계가 깊으며, 유해 물질을 중화시키는 데도 도움이 된다. 무엇보다도 산성 토양을 중화시키는 데 필수적인 토양개량제이다. 화학 비료로는 소석회 또는 농용석회 등이 있다.

칼슘 비료

마그네슘 • 마그네슘(Mg)은 엽록소의 중핵 성분이므로 모자라면 엽록소가 제대로 생성되지 않아 잎의 기능이 나빠진다. 또 식물체 내에서의 물질 이동을 돕는다. 화학 비료로는 고토, 황산마그네슘, 탄산마그네슘 등이 있다.

마그네슘 비료

기타 미량 원소 • 미량 원소도 식물체 내에서 단지 적은 양만 필요해서 그렇지, 앞서의 다량 원소와 마찬가지로 식물의 생장에 꼭 필요한 필수 원소들이다. 다만 이들은 보통 흙 속에 함유되어 있는 양으로도 충분하기 때문에 따로 주지 않아도 된다. 하지만 붕소는 미량 원

식물의 부위별로 필요한 비료 성분

꽃 질소, 칼륨

잎 마그네슘, 질소

열매 칼륨, 칼슘
씨앗 인

줄기 질소

흙 칼슘

뿌리 인, 칼슘

소이지만 채소를 재배할 때 종종 결핍되기 쉽다. 배추나 무를 재배할 때 붕소가 부족하면 속이 썩는 생리장해 증상이 나타나므로 밑거름을 줄 때 10m²(3평)당 20g을 주는 것이 좋다.

비료의 종류별 특징

화학비료 • 화학비료는 화학적으로 형성된 무기질 비료로서 일반적으로 물에 바로 녹고 효과가 빨리 나타난다. 반면 잘 녹기 때문에 흙 속에서 유실되는 양이 많아 비료가 부족하게 되는 단점도 있다.

텃밭이나 마당에서는 주 비료로 쓸 수 있어 편리하지만, 화분이나 용기에 재배를 할 때는 보조적으로 쓸 수밖에 없다. 진한 것을 한번에 많이 주면 식물이 중독증으로 해를 입게 되므로 희석하거나 퇴비 등에 섞어서 주도록 한다.

복합비료는 질소, 인산, 칼륨을 작물에 따라 여러 가지 비율로 화합해 만든 복합비료를 사용하면 간편하게 쓸 수 있다. 또한 물에 희석하는 액체비료도 농원이나 원예종묘상에서 판매하고 있다.

유기질 비료 • 동물체나 식물체에서 만들어진 비료를 유기질 비료라 하며, 깻묵이나 닭똥, 퇴비 등이 이에 해당된다. 화학비료가 양약이라고 하면 유기질 비료는 한약이라 할 수 있다. 화학비료가 속효성인 데 비해, 유기질 비료는 효과가 천천히 나타나는 지효성 비료이다. 따라서 유기질 비료는 비료의 효과가 오래 지속되며 비료 중독의 위험이 적고 토질의 개량이나 미량 원소의 공급에 적합하다. 하지만 미리 썩혀야 하고 발효 중에 악취가 나는 결점이 있다. 또한 아무래도 비료의 성분량이 부족하므로 화학비료를 보조적으로 쓰는 것이 효과적이다.

비료의 분류		
분류		비료의 종류
급원별	유기질 비료	퇴비, 우분, 돈분, 계분, 깻묵, 어분, 골분, 혼합유기질, 비료 등
	무기질 비료	요소, 유안, 용과린, 용성인비, 염화칼륨, 황산칼륨고토 등 각종 복합 비료(고추비료, 마늘비료, 배추비료, 단한번비료 등)
성분별	질소 비료	요소, 유안, 질소 비료가 들어 있는 복합 비료
	인산 비료	용과린, 용성인비, 인산 비료가 들어 있는 복합 비료
	칼륨 비료	염화칼륨, 화산칼륨고토, 칼륨 비료가 들어 있는 복합 비료
	석회질 비료	소석회, 농용석회, 고토석회
	규산질 비료	규산질 비료, 입상광재규산
	복합 비료	21-17-17 등 각종 복합 비료
	4종 복합 비료	나르겐, 그로민, 바이타그린 등 4종 복합 비료

화학 비료와 유기질 비료의 특징							
구분	흡수율	지속성	부작용	악취	미량 성분	흙의 입자 구조	가격
화학 비료	빠르다	짧다	과용하면 염려됨	없다	없다	연용하면 단립화	싸다
유기질 비료	늦다	길다	완숙하면 염려 없다	있다	있다	입단화 촉진	비교적 비싸다

퇴비 만들기

퇴비 • 흙을 부풀게 만들고 비료의 분해를 돕기 위해서는 퇴비를 주어야 한다. 퇴비를 만드는 가장 손쉬운 방법은 채소 부스러기, 낙엽, 볏짚 등에 물을 뿌려서 썩히는 것이다. 비에 맞지 않도록 비닐로 씌워두고 도중에 한두 번 뒤집어주면 100일 정도면 완전히 썩게 된다. 이렇게 만들어진 퇴비는 3.3m²당 1.5~2kg 정도 뿌리고 잘 섞어준다.

퇴비의 발효가 잘 되게 하려면 질소 성분이 필요한데, 퇴비를 만들 때 생선 찌꺼기 등을 섞거나 질소 비료를 첨가하면 좋다. 40×40cm의 구덩이를 40cm 깊이로 판 후 봄부터 식품 쓰레기가 나오는 대로 구덩이에 5~7cm가량 깔고 그 위에 흙을 2~3cm 덮는다. 이를 반복하면 가을에는 좋은 퇴비가 되어 겨울이나 봄에 이용할 수 있다. 이때 구덩이에 빗물이 들어가지 않도록 비닐 등으로 덮어주어야 한다. 그 정도면 100m² 정도의 밭에 뿌릴 수 있는 양이 만들어진다.

농가에서는 볏짚을 넣고 갈아주기도 하는데 볏짚이 완전히 썩지 않을 경우 유기질 비료로서의 역할보다 토양을 부드럽게 부풀리는 효과가 더 크다. 이때도 볏짚 1kg당 요소 비료를 20g 같이 넣어 밭을 갈면 볏짚이 잘 발효된다. 한편 시중에서 판매하는 톱밥 또는 부산물로 만든 유기질 비료는 효소를 발효시켜 만든 것으로 퇴비와 같은 효과를 얻을 수 있다.

퇴비

깻묵

깻묵(물비료) • 깻묵은 참깨, 들깨 등의 씨앗으로 기름을 짜고 남은 찌꺼기이다. 깻묵으로 물 비료를 만들려면 깻묵 덩어리에 5배 정도의 물을 부어서 섞은 것을 2L 크기의 병에 담아 그늘에 두면 여름에는 20~30일, 겨울은 30~60일 정도면 발효 분해된다. 물 비료는 오래된 것일수록 좋은데, 비료를 쓸 때는 그 위에 뜬 맑은 물을 다시 10~20배로 희석하여 10일 간격으로 주면 된다. 위에 뜬 물을 다 사용한 후에도 다시 물을 부으면 2~3번 정도 더 쓸 수 있다.

고형 비료는 항아리에 깻묵과 같은 분량의 물을 넣고 한두 달 두어 완전히 썩어서 냄새가 덜 나게 되면 비료로 쓸 수 있다. 골분(뼛가루)이나 초목회(재) 등을 깻묵의 1/3 정도 되게 섞으면 더 좋은 비료가 된다. 이것을 사용하려면 말려서 반쯤 마른 것을 큰 콩만 한 크기로 만들어서 화분 가장자리에 놓으면 된다. 완전히 말려서 보관해두고 사용하면 편리하다.

아미노산 비료 • 생선 찌꺼기는 가정에서 구하기 쉬운 재료로 쉽게 아미노산 비료를 만들 수 있다. 생선의 머리, 내장, 뼈 등을 독 안에 넣고 같은 무게의 흑설탕을 넣어 절이면 2~3일 후면 액체가 생기기 시작한다. 10일 후면 이 액체를 비료로 사용할 수 있다. 여러 가지 복합적인 요소가 함유되어 있어 영양 보충 효과가 좋으며 아미노산 비료는 토양 속 미생물의 활동을 활발하게 하므로, 퇴비를 만들 때 첨가하면 숙성 기간이 단축된다. 벌레들은 생선 아미노산의 냄새를 싫어하기 때문에 충해 예방에도 도움이 된다. 엽면에 시비할 때는 물 2L에 5mL 정도를 섞어서 분무한다. 물주기를 할 때 같이 주려면 물 50L당 작물의 상태가 그다지 나쁘지 않으면 25mL, 많이 나쁘면 50mL의 범위에서 적당히 타서 준다.

거름 줄 때 유의사항

식물은 아주 적은 양분을 천천히 흡수한다. 한꺼번에 많은 비료를 주어도 식물에 이용되는 양은 일부에 지나지 않으며 대부분은 빗물에 씻겨 사라져버린다. 따라서 가정에서 채소를 재배할 경우에는 부작용이 생기지 않도록 적당히 여러 번 나누어 주는 것이 좋다.

식물과 토양, 기후 조건 고려하기 • 비료의 종류와 분량은 식물에 따라 각각 다르며, 생육의 단계 또는 기후와 흙의 조건에 따라서도 달라진다. 질소는 생육 초기에 중요하며 개화기나 결실기에는 인산과 칼륨을 많이 필요로 한다. 개화 무렵에 질소가 과잉되면 열매를 맺지 않는 일도 있다. 덜 발효된 퇴비를 겨울에 시비할 경우 봄에는 효력이 없다가 여름이나 가을에 효력이 나타날 수 있기 때문에 유기질 비료는 잘 썩은 것을 주고, 시비의 시기를 정확히 지켜야 한다.

화학 비료는 청결하고 사용이 편리하며 값이 싸다는 이점이 있지만 토양 개량과 지속성 그리고 미량원소 함량 등의 측면에서 생각하면 식물을 위해서는 유기질 비료가 가장 적합하다. 따라서 밑거름으로 유기질 비료를 흙과 섞어서 사용하고 덧거름으로 화학 비료를 사용하는 것이 효과적이다. 인산 비료는 토양 내에서 이동하지 않으므로 토양과 잘 혼합해 밑거름으로 주고, 석회는 산성토 개량을 위해 쓰므로 다른 비료를 주기 10일 전에 흙과 잘 섞어주어야 한다.

쇠약해진 식물에는 물비료 • 어떤 원인으로든지 쇠약해진 식물은 환자와 같은 상태다. 그러므로 기운을 차리게 하려고 많은 비료를 주는 것은 식욕이 없는 환자에게 억지로 많은 음식물을 먹이는 것과 같다. 한동안 물만 주면서 상태를 지켜보다가 환자에게 죽을 주듯이 아주 맑은 물비료를 주는 것이 좋다. 쇠약할 때에는 뿌리의 흡수 기능도 저하되므로 4종 복합 비료를 엽면살포하면 효과가 크다.

토양의 통기성 확보 • 비료는 모두 물에 녹아서 식물체의 뿌리털로 흡수된다. 따라서 뿌리가 충분히 활동할 수 있도록 산소를 공급하는 일이 중요하다. 즉 흙의 통기성을 좋게 하는 일이 시비의 기초가 되는 셈이다.

식물의 생육과 종류에 따라 비료 선택 • 일반적으로 열매채소와 뿌리채소는 인산과 칼륨 비료를, 잎채소는 질소 비료를 많이 필요로 한다. 밑거름으로는 비료의 3요소를 함유한 복합 비료, 시판되는 피트모스, 발효 톱밥 같은 유기물, 주위에서 쉽게 볼 수 있는 가축분, 골분, 유박, 어박, 나뭇재 등의 천연 유기질 비료를 완전히 발효시켜 사용하는 것이 바람직하다. 숙성이 덜 된 유기질 비료는 발효 과정에서 많은 열을 내기 때문에 발아 장해나 뿌리 생육에 장해를 일으키므로 사용해서는 안된다.

대부분의 식물은 생육 초기에는 비료 흡수가 적고, 왕성한 생육이 이루어지는 중·후반기에는 많은 비료를 요구한다. 따라서 밑거름으로는 완효성인 복합 비료가 바람직하고, 밑거름은 전체 거름 양의 50% 내외로 하고 생육 상태에 따라 웃거름으로 사용한다. 반대로 웃거름으로는 속효성 비료를 사용하는 것이 바람직하다. 즉 유안이나 요소에 황산칼륨이나 염화칼륨을 사용하거나, 질소와 칼륨이 혼합된 복합 비료를 사용하면 된다. 생육 상태에 따라 복합 비료를 15~20일마다 1회 사용한다.

작물보호제(농약)

천연 작물보호제

가정에서 손쉽게 구할 수 있는 달걀, 식용유, 식초, 우유, 담배, 비누(주방용으로 나오는 천연 물비누) 등을 이용하여 화학 작물보호제 대신 벌레를 잡을 수 있다. 하지만 이러한 천연 작물보호제는 초기에 사용해야만 효과가 있다.

달걀, 식용유 • 달걀노른자와 식용유로 만든 난황유를 이용하면 작물보호제로도 방제가 어려운 흰가루병, 노균병 등의 곰팡이병과 응애 같은 해충에 큰 효과를 볼 수 있다. 달걀노른자 하나에 물을 조금 붓고 믹서로 잘 푼 후에 식용유(채종유, 해바라기유, 올리브유, 옥수수기름, 콩기름 등)를 넣고 다시 믹서로 5분 이상 충분히 혼합해 유액을 만든다. 이렇게 만든 난황유를 물 20L에 타서 골고루 뿌려준다.

난황유 농도(물 20L 기준)		
재료	예방 목적(0.3%)	치료 목적(0.5%)
식용유	60mL	100mL
달걀노른자	1개(약 15mL)	1개(약 15mL)

예방 목적으로는 7~14일, 치료 목적으로는 5~7일 간격으로 2~3회 뿌리면 된다. 다만 식물체에 직접 닿지 않으면 효과가 없으므로 작물보호제 사용량의 2배 정도로 충분히 골고루 뿌려주어야 한다.

오이, 상추 등의 흰가루병, 노균병 등에 효과가 뛰어나며 상추, 토마토 등의 진딧물, 온실가루이 등에도 어느 정도 효과가 있다. 난황유 제조법이 다소 번거롭게 느껴진다면 마요네즈를 이용하는 방법도 있다. 마요네즈 8g(예방)~13g(치료)을 페트병에 넣고 소량의 물을 첨가한 후 상하로 세차게 흔들어 잘 섞인 것을 확인한 후에 물 2L에 타서 사용하면 된다.

식초 • 식초는 사람의 건강에도 좋지만 식물의 곰팡이병 예방과 방제에도 효과가 있다. 일반 식초와 물을 1:20 정도 희석해 병이 나기 쉬운 시기에 분무기로 뿌려준다.

현미식초 · 비누액 • 물 2L에 현미식초 2mL와 천연물비누 3mL를 섞어서 엽면 시비하면 충해 방제에 매우 뛰어나다. 특히 토마토에 많은 피해를 주는 잎굴파리와 온실가루이의 방제에 좋다. 잎굴파리는 1주일 간격으로 2회 이상, 온실가루이는 3회 이상 살포해야 90% 이상의 효과를 볼 수 있다. 온실가루이는 흑설탕 2g 정도를 더 넣어서 주는 것이 좋다. 또한 응애의 방제에도 효과가 있고, 토양 살균효과도 있다.

우유 • 우유를 희석하지 않은 채로 맑은 날 오전에 진딧물이 낀 가지에 살포하면 우유가 마르면서 막이 생겨 진딧물이 질식하여 죽는다. 우유는 신선한 것일수록 효과가 좋으나 좀 상한 것도 괜찮다.

마늘액 • 마늘 한 통을 까서 잘 찧은 후 물 1L에 섞는다. 이를 천으로 걸러서 5배로 희석해서 살포하면 살충력은 없지만 벌레가 모여들지 않는다.

마늘·석유액 • 마늘 80g을 잘 찧은 후 그 액에 석유 2작은술을 넣어 24시간 담아둔다. 이 액에 물 1L와 천연 물비누 10mL(또는 비누 10g 녹인 것)를 잘 섞어서 천으로 거른다. 살포할 때는 100배로 희석하여 사용한다. 해충의 성충뿐 아니라 유충 방제에도 효과가 있으며, 병에도 어느 정도 효과가 있다.

담배 • 담배 10~15개 분량을 까서 필터를 없애고 물 1L에 3시간 정도 담가둔다. 이를 고운 천으로 걸러서 천연비누 5mL(또는 비누 5g 녹인 것)를 섞어 사용한다. 분무기로 뿌리면 되는데, 분무기가 없을 때는 물뿌리개로 뿌려도 좋다. 특히 진딧물에 효과가 있다. 5일이 지나면 효력이 떨어지므로 그 안에 사용해야 한다.

화학 작물보호제

우리나라에서 사용하고 있는 화학 작물보호제는 과거 발암성이 강한 맹독성은 거의 없어진 상태지만, 그래도 독성이 강한 것이 많이 있다. 특히 요즘은 잔류독성이 사회 문제가 되고 있어 사용에 주의해야 한다. 따라서 병이 갑자기 심해졌거나, 벌레들이 많아져서 부득이 작물보호제를 사용해야 한

시판되고 있는 화학 작물보호제

다면 사용법에 따라 적기에 적당량을 써야 한다. 대개 살충제와 살균제로 나눌 수 있으며, 식물호르몬을 제품으로 만든 식물생장조정제도 작물보호제로 구분한다.

작물보호제는 저독성이라고 해도 인체에 닿으면 위험하므로 절대 어린이의 손에 닿지 않는 곳에 보관하고, 어른도 다른 약품들과 혼동하지 않도록 따로 보관하는 것이 좋다(집 안이나 베란다에서 사용하려면 상당한 주의를 요한다).

개봉한 뒤에 오래 두면 약효가 떨어져 좋지 않다. 가정용으로는

TIP 작물보호제의 형태별 구분

• 수화제 : 고운 분말로 물에 타서 쓰는 약제이다. 물에 타기 전에 바람에 잘 날리는 것이 흠이다.
• 유제 : 많은 양의 물에 희석하면 희뿌연 유탁액(乳濁液)이 되는 액체 상태의 약제이다.
• 액상수화제 : 액체 상태로 물에 희석하여 쓰는 약제이다.
• 입상수화제 : 수화제와 같이 물에 타서 쓰지만 과립형이라 바람에 날리지 않는다. 수용성 입제도 비슷한 성질이다.
• 입제 : 과립형으로 토양에 뿌리면 물에 녹아 뿌리를 통해 흡수되면서 식물체 전체로 퍼지는 약제이다.
• 분제 : 고운 분말 형태로 물에 타지 않고 토양이나 식물체에 직접 뿌려주는 약제이다.

원예종묘상이나 대형 마트 같은 곳에서 파는 가정 원예용 약제를 구입하면 소형 봉지로 구분되어 있어 한 번에 하나씩 쓸 수 있다. 사용할 때는 포장지에 적힌 사용설명서에 따라 물에 희석하면 되고, 희석 배수가 표기되어 있다면 다음 표에 따라 희석하여 사용한다.

작물보호제의 희석 배수			(단위 : mL)
희석 배수	물 1L당	물 2L당	물 5L당
50배	20.0	40.0	100.0
100배	10.0	20.0	50.0
200배	5.0	10.0	25.0
400배	2.5	5.0	12.5
500배	2.0	4.0	10.0
1,000배	1.0	2.0	5.0
1,500배	0.7	1.3	3.4
2,000배	0.5	1.0	2.5
2,500배	0.4	0.8	2.0
3,000배	0.3	0.7	1.7

살충제

과거에는 맹독성이나 고독성인 독제 살충제가 많았으나 최근에는 거의 사용하지 않는다. 요즘엔 접촉제와 침투성 살충제가 대부분이며 미생물 약제도 다수 개발되고 있다.

접촉제 • 약제가 벌레의 피부

에 묻으면 살충력이 나타나는 직접 접촉제(니코틴제, 기계유제)와 약제가 해충에 접촉됐을 때뿐만 아니라, 뿌린 후에도 해충이 접촉하면 죽게 하는 잔효성 접촉제(파라치온 등)가 있다.

침투성 살충제 • 줄기나 잎뿐 아니라 뿌리(토양)에 처리해도 약제가 식물체에 침투하여 즙액이 이동함에 따라 식물체 전체에 퍼짐으로써 해충이 식물체에 해를 입힐 때 약제 성분이 벌레의 몸속으로 들어가 죽게 만드는 약제이다. 진딧물 약제에 많다.

침투성 살충제

미생물 약제 • 최근에 개발된 미생물 작물보호제는 BT라는 미생물을 이용하여 해충이 먹으면 소화관 내에서 독소가 활성화되어 살충력이 생긴다. 생물 환경에 미치는 영향이 적은 생물학적 살충제이다.

기타 • 곤충 내의 생장호르몬 유사체를 이용하여 특정 해충에만 작용한다. 익충 및 천적에 대한 해가 적고 인체에도 비교적 안전한 호르몬제, 밀폐된 장소에서 준비된 약제에 불을 붙여 이용하는 훈연제(훈증제) 등이 있다.

미생물 약제

채소에 생기는 주요 해충과 방제 살충제				
해충	살충제	형태	대상 작물	독성
온실가루이	피리프록시펜	유제	토마토, 오이, 가지	저독성, 호르몬제
	스피노사드	입상수화제 · 액상수화제	토마토	저독성, 접촉독
	티아메톡삼	입상수화제	오이, 고추, 피망, 감자	저독성, 침투성
진딧물	이미다클로프리드	수화제	고추, 감자, 오이, 들깨, 각종 잎채소	〃
		입제	수박, 감자, 고추, 참외	〃
	피메트로진	수화제	고추, 오이, 들깨, 각종 잎채소	〃
	비펜트린	수화제	수박, 아욱, 근대	저독성, 접촉독
		유제	배추, 고추	〃
	알파사이퍼메트린	유제	고추, 피망, 배추, 들깨, 엔디브, 쑥갓	보통 독성, 접촉독
총채벌레	스피노사드	수화제	오이, 감자, 쪽파, 상추, 가지	저독성, 접촉독
	에마멕틴벤조에이트	유제	오이, 감자, 고추, 피망, 가지, 상추	〃
	클로르페나피르	유제	오이, 가지	〃
	티아메톡삼	입상수화제	오이, 고추, 피망, 감자	저독성, 침투성
굴파리	카탑하이드로 클로라이드	입제	토마토	〃
	에토펜프록스	수화제	감자	저독성, 접촉독
	스피노사드	입상수화제	토마토, 가지, 박과채소	〃

채소에 생기는 주요 해충과 방제 살충제				
해충	살충제	형태	대상 작물	독성
선충	에토프	입제	고추, 마늘	저독성, 침투성
	카보	입제	당근	보통 독성, 침투성
배추흰나비, 좀나방, 명나방	비티아이자와이	입상수화제	배추, 오이, 쪽파, 부추, 쑥갓, 브로콜리	저독성, 미생물제
	비티쿠르스타키	액상수화제	배추	〃
	다이아지논	분제	배추	저독성, 접촉독
	람다사이할로트린	수화제	고추, 배추	〃
	사이퍼메트린	유제	배추	보통 독성, 접촉독

살균제

병균이 식물체에 침입하는 것을 막아주는 보호 살균제(석회보르도액, 구리분제, 황)와 병균의 침입은 물론 식물체에 침입해 있는 병균까지 죽이는 침투성 살균제가 있다. 근래에는 침투성 살균제에 보호 살균제의 역할을 첨가한 약제가 많다.

주요 세균병과 살균제				
병명	살균제	형태	대상 작물	독성
무름병	스트렙토마이신	수화제	배추 등	저독성, 항생제
	옥솔린산	수화제	배추	저독성, 침투성
	코퍼 · 가스가마이신	수화제	배추	저독성, 예방 · 치료

주요 세균병과 살균제

병명	살균제	형태	대상 작물	독성
세균성 점무늬병	코퍼 · 가스가마이신	수화제	고추 등	저독성, 예방 · 치료
	옥시테트라사이클린 · 스트렙토마이신 황산염	수화제	고추 등	저독성, 항생제
	트리베이식 코퍼설페이트	액상수화제	고추	저독성, 보호 살균

주요 곰팡이병과 살균제

병명	살균제	형태	대상 작물	독성
모잘록병	에트리디아졸(안타)	유제	오이	저독성, 토양 살균
	에트리디아졸(가지란)	수화제	고추, 오이	〃
잿빛 곰팡이병	프로사이미돈	수화제	딸기, 오이, 토마토, 고추, 피망, 부추	저독성, 예방 · 치료
	티오파네이트	수화제	딸기, 토마토, 부추	저독성, 보호 살균
	폴리옥신비	수화제	고추, 들깨, 상추, 쪽파	저독성, 예방 · 치료
노균병	코퍼하이드록사이드	수화제	오이, 배추	저독성, 보호 살균
	만코지	수화제	양파	〃
	메타실	수화제	배추	저독성, 예방 · 치료
	포세칠알	수화제	배추, 오이, 참외	〃
역병	프로파모카브	액제	고추, 피망	〃
	메타실엠	수화제	고추, 감자	〃

주요 곰팡이병과 살균제

병명	살균제	형태	대상 작물	독성
흰가루병	비터타놀	수화제	오이, 참외, 가지, 단호박, 우엉	저독성, 예방 · 치료
	페나리몰	유제	오이, 수박, 참외, 딸기, 가지, 우엉	〃
	헥사코나졸	액상수화제	수박, 참외, 오이, 취나물	〃
탄저병	디티아논	수화제	고추, 피망	〃
	카벤다짐가스신	수화제	고추, 피망, 수박	〃
	만코지	수화제	수박	저독성, 보호 살균
	베노밀	수화제	수박, 고추	〃
	지오판	수화제	고추, 피망	〃
잎곰팡이병	프로피	수화제	토마토	〃
	폴리옥신비	수용제(입상)	토마토	저독성, 예방 · 치료
균핵병	베노밀	수화제	상추	저독성, 보호 살균
	바실루스 서브틸리스엠27	고상제	상추	저독성, 예방 · 치료

식물의 해충과 병

주요 해충의 피해

진딧물 • 진딧물은 식물체의 즙액을 빨아먹고 배설물로 당분을 분비하기 때문에 피해 부분인 잎 표면이 검은색으로 변하여 지저분하게 된다 또 식물에 상처를 줌으로써 여러 가지 병원균이나 바이러스 감염의 원인이 되기도 한다.

굴파리 • 굴파리는 두더지처럼 굴을 잘 판다고 해서 붙여진 이름이다. 굴을 파는 장소가 땅속이 아니라 식물의 잎으로, 잎에 구멍을 내고 알을 낳아서 뱀처럼 구불구불한 터널이 만들어진다.

진딧물   굴파리   총채벌레

온실가루이

배추좀나방

선충

총채벌레 • 유충은 주로 담배잎을 갉아먹으며 고추나 토마토의 열매 속으로 파고들어가 구멍을 뚫어놓고 열매를 떨어뜨리기도 한다.

담배나방 • 담배나방은 잎의 즙액을 흡수하므로 피해 잎은 일찍 굳고 영양분도 빼앗겨 사료가치가 떨어진다.

담배나방

온실가루이 • 온실가루이는 보통 잎 뒷면에 산란하는데 고온을 좋아하며 단기간에 급속히 증식되므로 방제가 까다롭다. 흡즙에 의한 작물 피해뿐만 아니라 배설물이 그을음병을 유발하기 때문에 상품 가치를 떨어뜨린다.

배추좀나방 • 배추좀나방의 유충은 잎맥을 따라 잎살만 먹는다. 자라면서 잎 뒷면에 기생하며 겉껍질만 남기고 갉아먹는다. 피해가 심하면 작물 전체가 희게 보인다. 주로 배추, 양배추, 무 등의 잎을 먹는다.

선충 • 선충은 작물의 뿌리, 줄기, 잎 등에 기생하여 양분의 이동 통로를 막고 양분을 탈취해 피해를 준다. 특히 시설 원예지에 이어

짓기를 하면서 생기는 선충 피해가 많은데 20~30%의 수확량 감
소를 가져오기도 한다.

식물의 병

식물의 병은 크게 곰팡이병(진균)과 세균병, 바이러스병 이렇게
세 가지로 나뉜다. 바이러스병은 주로 진딧물과 같은 해충에 의해
감염되므로 해충 방제가 바이러스 방제로 이어진다. 곰팡이균과 세
균을 죽이는 약제는 각각 성질이 다르므로 혼동해서 사용하면 전혀
효과를 볼 수 없다.

🔢 곰팡이병

곰팡이의 일부인 회색 혹은 흰색의 실 모양 균사, 가루 모양의 포
자, 쥐똥 모양의 균핵, 핑크색의 점물질 등을 볼 수 있는 경우가 많
다. 물러 썩는 경우는 드물고 대부분 잎이나 줄기에 생긴 병의 무늬
가 일정하다. 썩을 때도 말라 썩는 경우가 흔하다.

노균병 • 아랫잎에서 발생이 시작
되어 위로 진전되는데 처음에는
잎에 부정형의 반점이 형성되고
점차 진전되면 엷은 황색을 띤
다. 심해지면 병반은 각이 져서
나타나고 병반과 병반이 합쳐져
잎 전체가 고사한다. 잎 뒷면에

노균병

는 이슬처럼 보이는 곰팡이가 빽빽하게 자라나 흰색(무, 배추, 상
추) 또는 회갈색이나 흑회색(박과류)으로 보인다.

온도가 낮고 습도가 높을 때 특히 봄, 가을에 밤낮의 기온차가 심

하면 많이 발생한다. 또한 질소의 시비량이 적어 식물체의 생육이 좋지 않을 때 피해가 크다. 이어짓기할 때 잔재물이 누적되어 많이 발생한다.

방제 방법	• 병든 잎은 가급적 빨리 제거한다. • 관배수를 잘 하여 습도가 높지 않도록 관리하고, 통풍과 투광을 좋게 한다. • 충분한 시비로 영양 부족 현상이 나타나지 않도록 한다. • 물방울이 장시간 맺혀 있지 않도록 주의한다. • 약제 살포 시 잎 뒷면에 잘 묻도록 살포한다.
방제 약제	메타실 수화제, 쿠퍼 수화제, 프로피 수화제

흰가루병 • 주로 잎에 발생한다. 처음에는 잎의 표면에 소량의 흰 가루가 빽빽하게 나며, 진전되면 잎 전체가 흰 가루로 뒤덮인다. 오래된 병반은 흰 가루가 회백색으로 변하고, 흑색의 작은 점들이 형성된다.

고온보다는 저온에서 잘 발생하나 온도 범위가 매우 넓으며, 다습한 환경뿐만 아니라 건조한 환경에서도 잘 발생한다. 밤낮의 기온차가 심한

흰가루병

봄과 가을에 발생이 심하고, 고토 및 인산이 부족한 토양이나 질소 비료를 과다하게 사용할 때 많이 발생한다.

방제 방법	• 병든 아랫잎은 빨리 제거한다. • 수확 후 병든 잔재물은 제거 소각한다. • 밀파(빽빽하게 심는 것)를 피하고, 균형 시비로 작물 생육을 튼튼하게 한다. • 일조 및 통풍을 좋게 하고 과습하지 않도록 물주기와 물 빠짐에 유의한다.
방제 약제	마이탄 수화제, 피라조 유제, 비타놀 수화제

잿빛곰팡이병 • 열매, 잎, 가지 등 식물체 모든 부위에 발생하며 병반 위에 잿빛의 곰팡이가 빽빽하게 퍼지는 것이 특징이다. 대부분 떨어진 꽃이나 꽃잎이 붙어 있는 부분에서부터 병반이 시작되며, 과일은 상처 부위나 꽃잎이 떨어지지 않은 배꼽 부분부터 발생하는 일이 많다.

노지보다 시설 재배지에서 피해가 크며 2~5월에 심하다. 병 발생에 가장 중요한 요인은 습도이며 포화습

잿빛곰팡이병

도에 가까울수록 심하고, 온도는 15~22℃가 발병적온이다. 저온기, 저습지에서 발생이 많고 특히 비가 자주 오거나 밤낮의 기온차가 심할 때 피해가 크다. 또한 식물을 빽빽하게 심거나 질소 비료를 과다하게 사용하여 식물체가 웃자라거나 통풍이 불량할 때도 많이 발생한다.

방제 방법	• 병든 식물체는 신속히 제거한다. • 가급적 습도가 높지 않도록 환기를 조절한다. • 질소 비료의 과용을 금하고 시설 내 온도를 높여준다. • 약제 살포 시 수화제보다는 훈연제를 사용하는 것이 습도 조절에 효과적이다. • 병원균의 내성이 생기지 않도록 약제를 번갈아 살포한다.
방제 약제	디에토펜카브, 가벤다 수화제(깨끄탄), 빈졸 수화제(놀란), 폴리옥신 수화제

덩굴마름병 • 잎, 줄기, 과일에 발생한다. 줄기에는 처음 불규칙한 회갈색 병반이 형성되고, 심하면 그루 전체가 말라 죽는다. 잎이나 과일에 황갈색의 작은 반점이 나타나고, 점차 진전되면 원형내지 부정형의 대형 병반이 형성되며 병반 위에는 흑색 작은 점들

(병자각)이 형성된다.
생육기에 비가 잦거나 음습
한 날씨가 계속될 때 심하게
발생한다. 시설 재배 시에는
저온, 다습, 통풍과 배수가
나쁜 곳에서 많이 발생하며,
생육 후기 비료의 기운이 떨
어질 때 많이 발생한다.

덩굴마름병

	• 건전한 씨앗을 선택하거나 씨앗 소독을 한다(베노람 등).
	• 병든 식물은 일찍 제거하고 수확 후 잔재물을 깨끗이 치운다.
방제 방법	• 통풍과 배수가 잘 되도록 한다.
	• 병 발생이 심한 밭에서는 박과 작물 재배와 이어짓기를 피하고 돌려짓기한다.
	• 물을 지나치게 많이 주어 밭의 습도가 높지 않도록 한다.
방제 약제	프로파 수화제, 비타놀 수화제

탄저병 • 고추 탄저병은 주로
열매에 발생하며 처음에는
물에 데친 모양의 약간 움푹
들어간 원형 반점이 형성되
고, 진전되면 부정형의 겹무
늬 증상으로 나타난다. 병반
상에는 담황색의 포자덩이
가 형성된다. 박과류 탄저병
은 과일, 잎, 줄기에 발생하

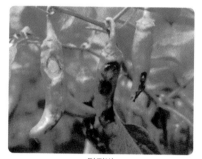

탄저병

여 원형 내지 부정형의 갈색 반점이 형성되고, 과일에는 움푹 들
어간 병징이 나타난다.
생육 기간 중 강우가 잦을 때 심하게 발생하며, 여름비가 자주 와

서 날씨가 습하고 서늘할 때는 노지에서도 심하게 발생한다.

방제 방법	• 내병성이 강한 품종, 건전한 씨앗, 무병묘를 사용한다. • 병든 식물체는 신속히 제거한다. • 질소 비료의 과용을 피하고 칼륨 · 인산 · 규산 비료를 충분히 시용한다. • 이어짓기와 빽빽하게 심는 것을 피하고 통풍이 잘되게 한다. • 비 오기 직전이나 직후에 약제를 살포하는 것이 효과적이다.
방제 약제	타로닐 수화제, 메타실엠 수화제, 프로파 수화제

잎곰팡이병(토마토) • 주로 잎에 발생한
다. 잎의 표면에 담황색의 윤곽이 희미
한 무늬가 생기며 잎맥에 싸이고 그 뒷
면에는 회갈색 곰팡이의 분생포자가
생긴다. 열매에는 꼭지를 둘러싸는 검
은 무늬가 생기며 단단해지고 약간 움
푹해진다.

잎곰팡이병

노지에서도 발생하나 시설 재배에서
상대습도 80% 이상으로 다습하며 환기
가 나쁘고 온도가 22℃ 정도일 때 심하
게 발병하며, 15~20℃에서는 현저히
발병이 억제된다. 너무 빽빽하게 심어
통풍이 나쁘면 포기 내의 습도가 높아져 발생이 심화된다. 생육
후기에 비료의 기운이 떨어져 식물이 쇠약할 때 발생이 많다.

방제 방법	• 씨앗 소독, 온실의 환기 및 배수에 유의한다. • 돌려짓기하고 품종에 따라 발병에 차이가 있으므로 저항성 품종을 재배한다. • 충분한 시비로 영양 부족 현상이 나타나지 않도록 한다. • 병든 식물체는 발견 즉시 제거하고 수확 후 병든 식물체가 남지 않도록 한다.
방제 약제	리프졸 훈연제, 사프롤 유제, 지오판 수화제

검은별무늬병 • 호박, 오이 등 주로 박과 채소류를 침해하며, 잎, 열매, 줄기에 발생한다. 잎에는 황갈색의 반점이 생기고 점차 지나면 별 모양의 천공이 된다. 줄기에는 움푹 들어간 별 모양의 연한

검은별무늬병

갈색 반점이 생겨 진물이 나오고 심한 경우에는 병반이 확대 부패되어 줄기 상부 전체가 고사한다. 열매에는 움푹 들어간 연한 갈색의 반점이 생겨 진물이 나오고 마른 후 흉터와 같은 더뎅이 증상이 남기 때문에 상품 가치를 잃게 된다.

온도가 낮고 흐린 날이 많아 습기가 많을 때 주로 발생한다. 보통 기온이 17℃ 전후가 될 때 발생하며, 특히 시설 재배 후 비닐을 제거해 날씨가 차면 심해진다. 오이와 호박에 피해가 크다.

방제 방법	• 병든 식물체는 발견 즉시 제거한다. • 건전한 씨앗을 사용하고, 반드시 씨앗 소독을 한다. • 시설 내 환기, 제습, 통풍, 투광 등에 유의한다.
방제 약제	베노밀 수화제, 폴리옥신 수화제

균핵병 • 줄기나 잎이 땅에 닿는 부위, 줄기와 곁가지 사이, 시든 꽃잎, 상처 부위에 주로 발생하고, 열매에도 발생한다. 병든 부위는 물에 데친 모양으로 되고, 급격히 시들며, 후에는 황갈색으로 된다. 병환부에는 눈처럼 흰

균핵병

곰팡이 덩어리가 생기며 이것이 후에는 쥐똥 모양의 균핵으로 변해서 병환부에 붙어 있다. 눈처럼 흰 곰팡이와 쥐똥 모양의 균핵이 이 병의 특징이다.

온도를 높이지 않는 시설 재배 시 온도가 낮고 흐린 날이 잦아 습기가 많을 때 주로 발생한다. 기주(숙주) 작물의 범위가 넓으므로 이어짓기할 때 전염원의 밀도가 다른 병해보다 크게 증가한다. 질소 비료를 과다하게 사용하여 연약하게 자라면 피해가 커지며 쇠약한 식물이 쉽게 병에 걸린다.

방제 방법	• 상습 발생지는 벼과 작물로 돌려짓기한다. • 토양을 깊이 갈아서 균핵을 묻는다. • 과습을 피하고 시설 내 온도를 20℃ 이상으로 높인다. • 2~3개월 담수하거나 논으로 전환하여 벼를 재배한다. • 상습 발생지의 토양은 토양훈증제로 소독하거나 고온기에 태양열로 토양 소독을 실시한다.
방제 약제	프로파 수화제, 베노밀 수화제

역병 • 물과 관련이 깊은 곰팡이균의 일종으로 생육적온은 28~30℃이나, 토마토 잎과 줄기에 역병을 일으키는 역병균은 18~20℃가 적온으로 4~5월과 10월에 많이 발생한다. 줄기, 과일, 잎에 발생하며, 주로 땅에 닿는

역병

부분의 줄기에 감염되어 포기 전체를 고사시킨다. 땅에 닿는 부분의 줄기는 적황색으로 변색되고, 과일은 물에 데친 모양으로 부패하며 오래된 병반에는 하얀 균사가 빽빽하게 난다.

대표적인 토양 병원균으로 토양 속에서 2~8년간 생존이 가능하

다. 병원균은 2개의 헤엄털을 가지고 있는 유주자를 만들어 관개 용수를 따라 이동해 식물체에 침입한다. 과습한 토양과 비가 많은 해에 피해가 크다. 동일 작물을 이어짓기할 때 많이 발생하며 특히 재배 기간 중 가뭄 피해를 입었던 밭에 많다.

방제 방법	• 물 빠짐을 좋게 하여 준다. • 상습 발생지는 2~3년간 돌려짓기한다. • 퇴비나 석회를 사용하여 토양을 개량하고 균형 시비를 한다. • 병든 식물체는 발견 즉시 제거한다. • 장마철에 급격히 만연하므로 장마가 시작되기 전이나 직후에 반드시 약제를 살포한다.
방제 약제	메타실동 수화제, 쿠퍼 수화제, 알리펫 수화제

무사마귀병 • 4~5월과 8~9월 경 비교적 온도가 낮고 비가 자주 와서 습할 때 이어짓기 재배지에서 잘 발병한다. 무, 배추, 양배추 등 십자화과 채소에만 발생하고, 특히 가을배추와 무에 피해가 크다. 병든 식물은 생육이 쇠

무사마귀병

퇴하고 왜소하게 되며, 잎은 황색으로 변해 점차 아랫잎부터 늘어진다. 뿌리에는 크고 작은 여러 개의 혹이 붙어 있는데 병든 뿌리는 점차 갈색으로 변해 부패하다가 소실된다.

pH6 이하의 산성토양에서 심하게 발생하고 pH7.2 이상의 알칼리성 토양에서는 발병하지 않는다. 병원균이 물을 따라 이동하므로 병원균 생장에 토양 수분이 필수적이며, 토양 수분이 45% 이하면 병원균이 발아하지 않고, 이어짓기로 토양 내에 병든 뿌리가 누적되면 발생이 증가한다.

방제 방법	• 발병이 심한 곳은 이어짓기를 피한다. • 십자화과 이외의 작물로 2~3년간 돌려짓기한다. • 물 빠짐이 나쁜 저습지나 점토질 토양을 피하고 배수에 유의한다. • 병든 뿌리는 다음 해의 전염원이 되므로 철저히 제거한다. • 상습 발생지에서 가을 재배를 할 때는 파종을 늦추어 발병 시기를 피한다. • 토양에 따라 100cm²당 100~250kg의 소석회를 사용해 토양을 중성이나 알칼리성으로 개량한다. • 품종 간 발병 차이가 있으므로 저항성 품종을 재배한다.
방제 약제	플루아지남 분제, 플루설파마이드 분제

시들음병 • 대표적 토양 병원균으로 토양 속에서 수년간 생존하며, 식물체 줄기의 도관(물관)을 변색시킨다. 병원균의 최적 발육적온은 23~27℃ 내외이며, 땅 온도가 20℃ 전후일 때가 발병 적온이다. 모종이 어릴 때에는 주로 잘록 증상을 나타내며, 생육기에는 포기

시들음병

의 일부 또는 전체에 시들음 증상이 나타낸다. 보통 줄기가 땅에 닿은 부분부터 관다발 부위가 갈색으로 변색되며 잔뿌리는 썩고 원뿌리만 남는다. 오이에서 줄기의 한쪽에 발병하면 병든 부분은 세로로 길게 쪼개진다. 덩굴쪼김병, 위황병이라고도 한다.

토양 병으로 모래가 많이 섞인 사질 토양에서 잘 발생하며, 토양 내 습도 변화가 심한 토양이나 질소 비료를 과다 사용할 때 많이 발생한다. 이어짓기할 때 그 피해가 점차 증가하며, 특히 산성토양이나 유기물이 부족한 토양에서 피해가 크다.

방제 방법	• 접목재배로 피해를 막을 수 있다(박과류 : 박, 호박 대목 사용 / 가지과류 : 동일 작물 저항성 대목 사용). • 보수력이 좋은 토양에서 재배한다. • 비기주 작물로 2~3년 이어짓기한다. • 씨앗 소독을 실시한다. • 석회 및 유기질 비료를 사용해 토양을 개량한다. • 다조메 등 작물보호제로 토양을 훈증소독하거나 고온기에 태양열로 토양 소독을 하면 효과적이다.

② 세균병

대개 물러 썩거나 병의 무늬가 물에 데친 것같이 생기고 불규칙하다. 병든 부위에서는 고약한 냄새가 나고, 공기 중 습도가 높을 때는 병든 부위에서 고름과 같은 점액이 나오기도 한다. 심해서 말라 죽게 된 부위로는 곰팡이병과 구분하기 어렵다. 대부분 30℃ 이상의 고온을 좋아하지만 건조에는 매우 약하고 습도가 높으면 세균병이 번지게 된다. 세균에 의해 채소에 생기는 병은 5~6가지 정도이다.

무름병 • 배추에서는 잎, 줄기, 뿌리에 발생하는데 상처 부위에서 처음 시작해 좌우상하로 발전하며 마지막에는 조직이 크림처럼 변해 악취를 내고 배추의 일부 또는 전체가 시들어 죽는다. 흰썩음병이라고도 한다. 무, 배추, 상추에 주로 발병한다.

무름병

토양 병원균이므로 이어짓기에 의해 토양 내 병원균의 밀도가 증가하며 잎이 차오르는 결구기 이후 고온다습할 때 발생이 많다. 토양 해충이나 선충에 의한 상처로 침입한다. 질소 비료 과다가이 병의 발병을 조장한다.

풋마름병 • 발병 초기에는 식물 체의 지상 부위가 푸른(녹색) 상태로 시들고 병이 진전되면 2~3일 만에 급속히 시들며 말라 죽는다. 줄기의 내부는 갈색으로 변하고, 밑동을 잘 라 물에 담가두면 하얀 우윳 빛 점액이 흘러나온다.

풋마름병

토마토와 고추를 좋아하는 세균으로 토양 속에 서식하며 생육적 온은 35~37℃이다. 중성토양에서 잘 자란다.

| 방제 방법 | • 이어짓기할 때 잘 나타나므로 상습 발생지에서는 가급적 재배를 피해 야 한다. 약제 방제가 잘 안 되므로 병이 생긴 포기는 빨리 제거하되 잔 재물이 남지 않도록 밭의 위생을 잘 관리해야 한다. |

세균성점무늬병(반점세균병) • 가 지과와 박과 작물의 잎이나 열매에 물에 데친 듯한 황색 무늬가 생기고 과습하면 황색 의 세균 점액이 생긴다. 심해 지면 잎이 다 떨어진다.

세균성점무늬병

토마토보다는 고추에서 가끔 발생하며, 특히 비가 많이 내려 다습한 날이 계속되면 심하게 나타난다.

방제 방법	• 이어짓기와 배수가 나쁜 습한 땅을 피하고 유기물을 충분히 주되 질소 비료의 과용을 피한다. 약제로는 마이신 계통이 있긴 하나 예방 위주로 해야 한다.

❸ 바이러스병

바이러스병은 거의 모든 작물에 치명적인 피해를 입힌다. 진딧물에 의해 잎과 열매가 쭈글쭈글해지는 모자이크 증상이 가장 흔하게 나타난다. 진딧물 몸속에 있는 바이러스균이 식물체로 전달되는 것이다. 물러 썩거나 물에 데친 것 같은 증세는 없고, 주로 잎에 황갈색 반점들이 모자이크 모양으로 나타나면서 쭈그러든다. 열매도 기형으로 쭈그러드는 현상이 나타난다. 주로 배추, 오이, 수박, 참외, 상추, 시금치, 마늘, 고추, 토마토에 잘 걸린다.

무성번식의 경우 식물체가 바이러스균을 지닌 상태에서 성장하면 해가 거듭됨에 따라 점차 그 피해가 심해져서 수량이 줄어든다. 유성번식에서는 그런 문제가 거의 생기지 않는다.

병징 • 바이러스병들은 서로 비슷해 구분하기가 매우 어렵다. 오이 녹반모자이크바이러스의 경우 잎에 불규칙한 얼룩무늬가 생기거나 황색의 모자이크 증상이 나타나며 심한 경우 녹색 부분이 튀어나오는 수도 있다. 열매껍질의 표면에 짙은 녹색으로 약간 둥근 모양의 괴저 반점이 생기며 수박의 경우 과육 내에 황색의 섬유 줄기를 지닌 피수박이 발생하기도 한다. 멜론모자이크바이러스도 수박에 많이 발생하는데 황색 모자이크 증상이나 반점이 나타나며 심하면 잎이 고사리처럼 가늘어지고 위축되며 기형과가 열리기도 한다.

발생환경 • 박과류에 발생하는 바이러스병은 서로가 기주로 되어 있으나 발생 정도나 피해의 차이는 기주마다 다르다. 오이녹반모 자이크바이러스는 씨앗이나 토양 속에 있는 병든 잔재물이 1차 전염원이며, 주로 대목 씨앗에 의해 감염된 바이러스가 접목하는 과정에서 다른 주에 감염되는 것이 가장 보편적이다. 오이녹반모 자이크바이러스에 한번 감염되면 뿌리와 잔재물이 토양 속에 남아 다음 작기에도 감염되는 것으로 알려져 있다. 멜론모자이크바이러스는 주로 진딧물에 의해 전염되며 접목 시 접촉에 의해서도 전염된다. 1차 전염원은 병든 식물에서 비롯되는 것으로 알려져 있다.

방제 방법	• 발병이 심한 밭에는 박과 이외의 작물로 돌려짓기한다(공통). • 매개충인 진딧물을 철저히 방제한다(오이모자이크바이러스, 멜론모자이크바이러스). • 병든 식물체는 즉시 제거해야 한다(공통). • 접목이나 가지치기를 할 때 사용 기구를 3인산소다 10%액에 소독해 사용한다(공통). • 씨앗을 3인산소다 10%액에 20분간, 이후 물에 10분간 담갔다가 뿌린다(공통). • 토양으로 전염되므로 토양을 철저히 관리한다(오이녹반모자이크바이러스).

온도

식물의 생육에 있어서 하루 중 온도의 변화는 매우 중요한 의미를 갖는다. 낮의 높은 온도에서는 광합성을 통해 생육에 필요한 유기 영양분을 만들어내고, 밤의 낮은 온도에서는 호흡 작용을 억제시켜 영양분 사용을 최소화함으로써 건전한 생육을 도모한다.

열매채소는 대개 잎채소보다 높은 온도를 좋아하지만, 딸기만은 예외로 저온성 채소이다. 상추, 마늘, 양파와 같은 저온성 채소는 온도가 높으면 휴면한다. 다른 잎채소나 뿌리채소도 온도가 너무 높으면 섬유질 함량이 높아지고 영양 성분은 낮아져 전체적으로 품질이 떨어지게 된다.

고온성 채소 (18~26℃)	가지, 고추, 박, 동아, 생강, 고구마, 부추, 동부, 고온에 비교적 강한 오이, 호박, 참외, 토마토, 우엉, 강낭콩, 아스파라거스, 머위, 옥수수
저온성 채소 (10~18℃)	배추, 양배추, 무, 순무, 시금치, 파, 완두, 잠두, 딸기, 염교, 저온에 비교적 강한 감자, 당근, 비트, 꽃양배추, 상추, 미나리, 셀러리, 근대, 마늘, 쪽파

이처럼 작물마다 잘 자라는 온도가 각기 다른데, 한 작물이 가장 잘 자라는 온도를 생육적온이라고 한다. 이는 기온과 지온을 아우르는 말이다. 대체로 지온보다는 기온이 햇빛이나 습도에 따라 심하게 변하므로 각 작물별 생육적온을 잘 알아두었다가 적절하게 기온을 조절해주어야 한다.

열매채소의 생육적온				(단위 : ℃)
채소명	주간 최적 온도	야간		지하부 최적 온도
		최적 온도	최저 한계 온도	
토마토	25~28	13~18	10	15~18
가지	23~28	13~18	10	18~20
고추	25~30	18~20	12	18~20
오이	23~28	12~15	10	18~20
수박	23~28	13~18	10	18~20
멜론	25~30	18~20	14	18~20
참외	25~30	15~20	12	18~20
호박	18~23	10~15	8	15~18
딸기	18~23	5~7	3	15~18

잎 · 뿌리채소의 생육적온		(단위 : ℃)
채소명	최고 한계 온도	최적 온도	최저 한계 온도
셀러리	23	15~20	5
배추	23	13~18	5
무	25	15~20	8
시금치	25	15~20	8
쑥갓	25	15~20	8
상추	25	15~20	8

햇빛

햇빛은 식물 생육에 가장 중요한 요인 중 하나다. 식물의 잎은 광합성 작용을 통해 동화양분을 만들고, 이 동화양분이 식물의 각 기관으로 분배되어 성장하는 것이다. 따라서 햇빛이 잘 들지 않는 텃밭에서는 채소가 잘 자라

지 못하므로 광선 적응성에 따라 재배할 작물을 선택해야 한다.

광선 적응성에 따른 채소 분류	
분류	종류
강한 광선이 필요한 작물	박과 채소, 가지과 채소, 콩과 채소, 덩이뿌리류, 곧은뿌리류, 옥수수, 딸기, 양파
약한 광선에서도 잘 자라는 작물	토란, 생강, 잎채소, 파류, 머위, 부추
약한 광선을 좋아하는 작물	미나리, 파드득나물, 참나물
어두운 곳에서 재배하는 작물	연백 채소(파, 부추, 아스파라거스)

우리나라는 사계절이 뚜렷한 기후로 햇볕이 내리쬐는 시간이 계

절별로 다르다. 12월 22일 전후인 동지에 해가 가장 짧고, 6월 22일 전후인 하지에 해가 가장 길다. 또 3월 22일인 춘분과 9월 22일인 추분에는 밤과 낮의 길이가 같다. 식물의 생육은 이와 같은 일조량의 변화에 민감하게 반응한다.

식물은 보이지 않는 눈과 시계를 갖고 있다. 해가 언제 뜨고 지는지를 모두 인지해 꽃을 빨리 피우기도 늦게 피우기도 한다. 봄에 꽃이 피는 무, 배추, 시금치, 상추 등은 최대한 꽃이 늦게 피는 품종을 선택해야 잎을 많이 수확할 수 있다. 이런 채소들은 꽃대가 올라오면 품질이 크게 떨어져 식용 가치를 상실하게 된다. 따라서 주요 채소들이 일장에 어떻게 반응하는지 잘 알고 있어야 채소를 성공적으로 수확할 수 있다.

낮의 길이에 따른 채소 분류	
분류	**종류**
낮의 길이가 길어질 때 꽃이 피는 채소	시금치, 상추, 무, 당근, 양배추, 갓, 배추, 감자
낮의 길이가 짧아질 때 꽃이 피는 채소	딸기, 옥수수, 콩
낮의 길이와 상관없이 일정한 생육기에 도달하면 꽃이 피는 채소	고추, 토마토, 가지, 오이

인공광에는 단순히 부족한 빛을 보충해주는 광합성 촉진용 조명과 인위적으로 낮의 길이를 조절해주는 일장 조절용 조명이 있다. 후자는 단일(短日)식물의 개화를 억제시키거나 장일(長日)식물의 개화 조건을 만들어준다. 이렇게 전등조명을 이용해 꽃이 피는 시기를 촉진 또는 억제하는 재배법을 전조재배라고 한다. 채소에서는 주로 들깻잎을 재배할 때 이 재배법을 이용하는데, 가을과 겨울에는 낮의 길이가 짧아져 들깨 꽃이 빨리 피고 이후 더 이상 자라지 않게 되어 깻잎 수확이 어려워진다. 이때 심야 시간에 약 2시간 정도 연속 조명으로 빛을 보충해주면 깻잎을 성공적으로 수확할 수 있다.

Chapter 3
채소별 재배 노하우
- 잎줄기 채소 -

마늘

- **분류** : 백합과(Liliaceae) **형태** : 여러해살이풀
- **크기** : 60cm 정도 **개화기** : 6~7월 **원산지** : 아시아

일반적인 재배력	1월	2월	3월	4월	5월	6월	7월	8월	9월	10월	11월	12월

● 씨뿌리기   ━ 생육기   ━ 수확

　　마늘은 우리나라의 4대 채소 중의 하나로 강한 냄새를 제외하고는 100가지 이로움이 있다고 하여 예로부터 '일해백리(一害百利)'라고 불렸다. 우리나라에서 재배되는 마늘은 한지형과 난지형으로 분류된다. 한지형 품종은 우리나라 재배종으로 중북부 지방에서 재배되고, 난지형 품종은 중국에서 도입된 남도 마늘과 스페인 도입종인 대서 마늘, 인도네시아 도입종인 자봉 마늘 등으로 남부 지방에서 주로 재배된다.

　　마늘은 조미나 향신료 등 요리의 재료로 주로 활용되지만, 최근에는 칩이나 진액 등 가공식품으로도 많이 소비되고 있다. 이 밖에 마늘 기름을 이용해 약품으로도 생산되는 등 마늘을 이용한 다양한 기능성 식품이 증가하고 있다.

마늘은 강력한 살균작용을 하는 알리신 성분이 다량 함유되어 있어 면역력 강화에 도움을 주며, 체내 비타민 B_6와 결합하여 췌장 세포의 기능 및 인슐린의 분비를 활성화해 혈당을 떨어뜨리는 데 도움을 준다.

품종 고르기
- 대체로 남부지역은 난지형을, 중북부지역은 한지형 마늘을 선택하는 것이 좋다. 난지형은 휴면기간과 인편분화에 필요한 저온 요구기간이 짧으며, 한지형은 휴면기간과 저온 요구도가 크다.
- 난지형 마늘 : 제주종, 해남종, 남도마늘, 대서마늘, 자봉마늘. 마늘 쪽수는 10~12개 정도이며, 한지형에 비해 매운맛이 적고 저장성이 약하다.
- 한지형 마늘 : 서산종, 의성종, 단양종. 마늘 쪽수는 6~8개이고 매운맛이 강하며 저장성이 좋다.

밭 만들기
- 토양 조건 : 토심이 깊고 물 빠짐이 좋은 중점토나 점질양토가 적합하다.
- 마늘 뿌리는 곧게 자라므로 뿌리가 쉽게 뻗을 수 있도록 밭을 깊게 갈아 주어야 한다. 파종 1~2주일 전에 퇴비와 석회를 밭 전면에 골고루 뿌린 다음 깊이 간다. 파종 1~2일 전에 화학비료 및 토양살충제를 고루 뿌리고 땅을 고른다.
- 두둑에 비닐을 피복하면 지온이 높아져서 생육이 빠르고 잡초제거 노력과 물주는 노력을 줄일 수 있다.

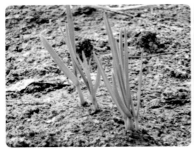
마늘 싹이 올라오는 모습

마늘 지상부

- 종구(씨마늘)는 10m²당 70~80개 정도 사용한다. 종구 소
  독을 위해 벤레이트티 400배액에 1시간 담갔다 꺼내 그늘
  에서 말린 후 파종한다.
- 이랑 규격 : 한 두둑 안에 줄 사이 15~20cm, 포기 사이
  10~12cm 간격으로 4~5줄로 심는다.
- 파종 후 흙을 덮은 다음에는 가볍게 흙을 다져 물이 잘 스
  며들게 해준다. 한랭 건조한 지방에서는 볏짚, 낙엽, 미숙
  퇴비 등으로 덮어주는 것이 좋다.
- 마늘은 월동작물로 뿌리가 곧고 길게 자라므로 깊이 심어

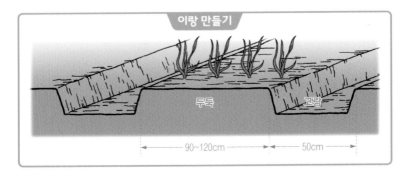

이랑 만들기

두둑 · 고랑

90~120cm · 50cm

야 한다. 너무 조밀하게 심으면 웃자라고, 구의 비대가 좋지 않다. 인편의 뿌리가 난 쪽이 밑으로 가도록 심고, 심는 깊이는 인편 길이의 2배 정도인 4~5cm가량이며 그 위에 복토한다.

재배
요령
• 토양이 건조하면 뿌리내림이 늦고 월동력이 약해지므로 가을 가뭄 때는 관수와 비닐, 짚 덮기를 해준다. 짚 덮기는 11월 중하순에 한다.

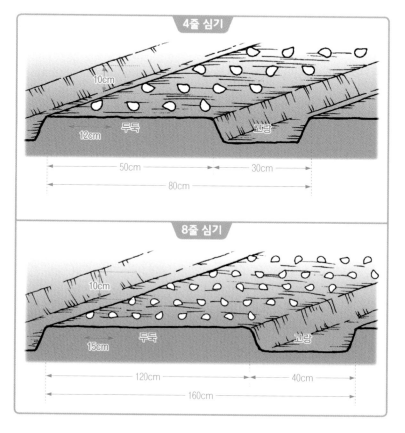

- 파종 후 땅이 얼기 전에 투명 비닐을 덮고 겨울을 난 다음, 본잎이 3장 내외가 될 때 비닐을 뚫어 싹을 밖으로 유인한다.
- 마늘이 자라면서 지온이 올라가는 것을 막기 위해 한두 차례 흙을 비닐 위에 얇게 덮어준다.
- 봄에 비가 자주 오면 배수구를 정비해 습해를 예방한다.
- 관수를 잘 하고 흙과 짚으로 덮어 건조해지지 않도록 관리한다.
- 마늘종 제거 : 마늘종(마늘 꽃대)이 자라는 시기는 알뿌리의 비대기와 같이 진행되므로 나타나는 즉시 제거해준다.

물관리
- 알뿌리가 비대하는 최성기인 4~6월은 상습적인 가뭄으로 토양이 건조한 상태이므로 난지형은 4월 하순~5월 중순, 한지형은 5월 중순~6월 중순까지 충분히 물을 주어 알뿌

마늘종

수확한 마늘

리의 구 비대가 정상적으로 이루어지도록 관리해야 한다.

거름 주기
- 가물 때는 고자리파리가 잘 생기므로 물 비료를 준다.
- 마늘이 성장하는 봄에 퇴비 등을 마늘 싹 위에 웃거름으로 준다.

거름 총량 (g/3.3m²)	요소	용과린	염화칼륨	퇴비	석회
	181	128	71	10,000	500

• 밑거름으로 복합비료를 주어도 상관없다.

병해충 방제
- 잎마름병 : 4~5월에 나타나기 시작한다. 습한 조건에서 발생하므로 배수에 유의하고 살균제를 살포해 번지는 것을 막는다. 4월 중순경 이프로 수화제 또는 안트라콜 수화제에 전착제를 첨가해 10~15일 간격으로 살포한다.
- 뿌리응애 : 주로 마늘의 생장점 부근의 뿌리가 발생하는 부분에 모여 집단으로 해를 끼치는데 심할 경우 인편 내부까지 썩는다. 온도와 습도가 높은 조건에서 번식이 왕성하

다. 토양살충제를 살포하는 것도 효과가 있지만 종구를 통한 감염을 방지하는 것이 중요하다.

수확 및 저장
- 수확 적기 : 잎이 50~70% 정도 말랐을 때 수확한다.
- 토양이 습하지 않은 맑은 날 상처가 없도록 수확하고, 2~3일간 말려 물기를 없애 병원균 및 부패균 발생을 억제한다.
- 마늘을 모래나 시멘트 위에서 말리면 마늘통이 벌어지므로 주의한다.
- 수확 시기가 빠르면 구의 비대가 불충실해지고 수분 함량이 많으므로 감모율(줄어드는 비율)이 높아지며 저장 중 부패가 많아진다.

성공 재배 노하우

1 재배 시기 : 10~6월

2 잘 자라는 온도 : 13~23℃, 싹트는 온도는 15~27℃, 구 비대 적온은 18~20℃이다. 한지형은 -7~8℃, 난지형은 -5~6℃에 동해에 노출된다.

3 씨마늘 고르기 : 병해충 피해가 없는 5~7g 정도의 크기가 좋으며, 병해충 방제를 위해 씨마늘 소독을 철저히 하고 초기에 방제한다.

마늘의 영양소 ···· 100g당 19kcal

수분	단백질	지질	당질	섬유소	회분	칼슘	인	철
86.2%	3.5g	0.5g	7.6g	1.4g	6.8g	32mg	46mg	1mg

나트륨	칼륨	비타민 A	베타카로틴	비타민 B₁	비타민 B₂	나이아신	비타민 C
10mg	339mg	282R.E	1,690μg	0.13mg	0.12mg	0.8mg	81mg

(자료: 농촌진흥청 식품성분표)

배추

- **분류** : 십자화과(Cruciferae) · **형태** : 두해살이풀
- **크기** : 40~50cm 정도 · **개화기** : 4월 · **원산지** : 중국 북부 지방

일반적인 재배력		1월	2월	3월	4월	5월	6월	7월	8월	9월	10월	11월	12월
	봄				●━━●━━								
	여름								●━●━				
	가을					●●●●●●		●●●●●━━					

● 씨뿌리기　━ 모종 기르기　● 아주심기　━ 생육기　━ 수확

　배추는 우리에게 일 년 사계절 항상 필요한 식재료로 김치로 활용되는 비율이 가장 높지만, 김치 외에도 국, 샐러드, 무침이나 볶음 등 다양한 용도로 활용되고 있다. 일반적으로 재배 시기에 따라 봄배추, 여름배추, 가을배추, 겨울배추로 구분하지만, 재배 시기뿐 아니라 재배 기간, 지역, 결구(잎이 여러 겹으로 겹쳐서 속이 드는 모양) 형태 등에 따라 분류되는 약 7가지 품종이 국내에 유통되고 있다.

　배추는 수분 함량이 높아 이뇨 작용에 효과적이며 열량이 낮고 식이섬유 함유량이 많아 변비와 대장암 예방에 좋다.

**품종
고르기**

- 봄, 여름, 가을 등 작기별로 재배 가능한 품종이 별도로 분화되어 있으므로 재배 가능한 작기의 품종을 선택하면 된다. 간혹 봄 재배에 가을 재배용 품종을 사용하여 추대가 발생함으로 수확을 전혀 하지 못하는 경우가 있으니 주의해야 한다. 일반적으로 종자상이나 농약사에서 해당 기간에 파종 가능한 종자를 시기별로 구비해 놓고 있으므로 상의를 한 후 구매하는 것이 좋다.
- 가을배추 : 장미배추, 노란자배추, 가락신1호배추, 청원1호배추, 가을황배추 등
- 봄배추 : 매력배추, 대통배추, 노랑봄배추
- 쌈배추 : 쌈맛배추, 고향쌈배추, 금방울배추
- 엇갈이(얼갈이)배추 : 뚝심엇갈이배추, CR보배엇갈이배추

**밭
만들기**

- 토양 조건 : 보수력이 좋고 배수가 잘되는 토양이 좋다.
- 이랑을 만들기 전에 퇴비와 밑거름 비료를 넣는다.
- 아주심기 전에 모종을 심을 구덩이를 파고 미리 물을 흠뻑 주면 초기 생육이 좋아진다.
- 가능한 한 배추를 심지 않았던 밭을 선택한다.

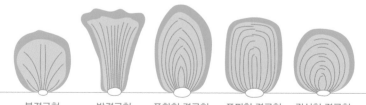

| 불결구형 | 반결구형 | 포합형 결구형 | 포피형 결구형 | 권심형 결구형 |

배추의 결구 형태

맛배추

엇갈이(얼갈이)배추

씨
뿌리기

• 봄배추 : 플러그 모판상자(플라스틱 용기로 된 모판)에 씨앗
을 뿌려 가꾸되 반드시 10℃ 이상 유지되는 온상에서 모
종을 길러야 한다.

• 가을배추 : 8월 초 플러그 모판상자에 씨앗을 뿌린다. 씨
앗을 뿌린 다음, 물을 충분히 주고 신문지로 덮어서 수분
증발을 억제시켜준다.

• 매일 오전, 오후에 1회씩 충분히 물을 준다. 씨앗을 뿌린

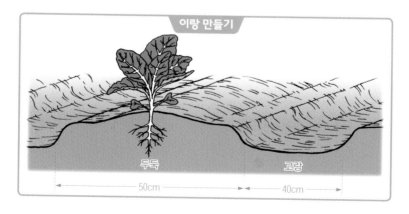

이랑 만들기

두둑

고랑

50cm

40cm

1주 후에 1차 솎음작업을 하여 1홀에 2개 정도 남기고 다시 1주 후에 솎음작업을 실시하여 1홀에 1주씩 남긴다.

- 엇갈이배추 : 모종을 기르지 않고 직파(모종을 길러 옮겨 심지 않고 논밭에 씨앗을 직접 뿌림)한다.

**모종
기르기**
- 기르는 기간 : 20~25일(모종이 늙으면 활착 등 생육이 나빠짐)
- 적정 온도 : 낮 온도가 25℃ 이상이 되지 않도록 관리한다.
- 배추는 대개 옮겨심기를 하므로 모종을 구입하여 심어도 좋다.

**아주
심기**
- 본잎이 5~6장인 것을 포기 간격 35cm 정도로 심는다.
- 더운 날씨에는 흐린 날 오후에 심는 것이 좋으며, 9월 초까지는 심어야 한다.
- 모종 고르기 : 모종을 구입해 심어도 좋으며, 모종은 뿌리가 잘 발달해 잔뿌리가 많고 밀생되어 있는 것, 노화되지 않고 병해충 피해가 없는 것을 선택해야 한다.
- 심은 후에 포기 밑둥의 뿌리가 나온 부분은 흙을 잘 모아 덮어주고 위쪽의 잎이 붙은 부분만 지면 위로 나와 있는 상태가 되게 한다. 얕게 심으면 바람에 흔들려 부러지는 경우가 생긴다.
- 비교적 햇볕이 약해도 잘 견딘다.

물관리
- 물을 많이 필요로 하여 결구될 때는 하루에 밭 9.9m²(3평)당 2kg 이상 무게가 증가하므로 물도 2L 이상 소요된다고 보면 된다.
- 건조하지 않도록 관리해야 하나, 흙이 물에 차 있는 상태

배추는 90~95%가 수분으로 구성된 작물로 물을 충분히 주어야 한다.

로 과습하여도 밑동썩음병 같은 병이 생기므로 주의해야
한다.

거름주기

- 배추는 초기 생육이 왕성해야 후기 결구가 좋으므로 밑거
  름에 중점을 두어 퇴비, 닭똥 등의 유기질 비료를 충분히
  시용해야 한다.
- 아주심기 후에도 15일 간격으로 3~4회 웃거름을 주어야
  잘 자란다.
- 비료를 많이 흡수하며 특히 질소, 칼륨과 석회를 많이 주
  어야 한다.

거름 총량 (g/3.3m²)	요소	용과린	염화칼륨	퇴비	고토석회	봉사
	143~190	200~333	110~167	6,700	333	3.3

- 밑거름으로 복합비료를 주어도 상관없다.

• 배추무사마귀병(뿌리혹병) : 생육 초기에 뿌리에 혹이 생겨서 배추가 잘 자라지 못하고 생육이 정지되어 수확에 이르지 못하는 병이다. 뿌리혹병에 강한 품종을 선택하여 심어야 하고 본밭을 만들 때 석회를 충분히 주어서 땅을 중화시키는 노력이 필요하다. 후론사이드 분제(가루)약을 아주 심기 전에 살포하여 예방할 수 있다.

• 배추좀나방 : 봄배추 재배에 가장 많이 발생하여 피해를 주는 나방이다. 발생 시 비티수화제, 프로싱유제 등을 번갈아 살포한다.

• 배추잎벌레 : 가을배추 생육 초기, 잎에 구멍을 뚫어 피해를 주므로 심기 전에 배추 전용 토양살충제를 뿌린 후에 심는다.

• 수확 적기 : 아주심은 후 봄배추는 60~70일, 가을배추는 90~100일이면 수확이 가능하다. 배추의 가운데를 위에서 눌렀을 때 약 1cm 정도 들어가면서 약간 단단하게 느껴질

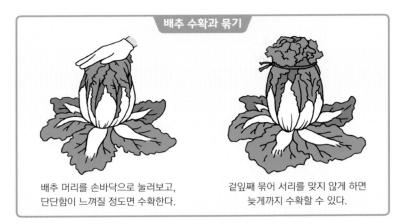

배추 수확과 묶기

배추 머리를 손바닥으로 눌러보고,
단단함이 느껴질 정도면 수확한다.

겉잎째 묶어 서리를 맞지 않게 하면
늦게까지 수확할 수 있다.

때 수확하면 된다.

- 수확 방법 : 포기의 아래 부분에 칼을 가로로 넣으면서 뒤로 밀어주면 쉽게 수확할 수 있다.
- 늦게 수확할 경우에는 서리에 대비하기 위하여 겉잎을 싸서 끈으로 묶어두는 것이 좋다.
- 엇갈이배추 : 파종 후 60일(한여름에는 50일) 정도면 수확할 수 있다.

성공 재배 노하우

1 싹트는 온도 : 15~34℃(40℃ 정도에서는 발아하지 못함)

2 잘 자라는 온도 : 18~20℃

3 결구가 잘 자라는 온도 : 15~18℃, 12℃ 이하의 저온이 일주일 이상 연속 지속되면 추대하여 상품 가치가 없어지므로 주의해야 하며, 종자를 냉장고에 보관하여도 추대하므로 조심해야 한다.

4 배추는 수분을 좋아하고 건조에 약하므로 물 빠짐이 좋은 모래 참흙이 생육에 알맞다. 흙이 질어서 지하수위가 높으면 땅의 통기가 나빠지므로 생육이 불량해질 수 있다.

5 파종 시기는 품종별로 종자 포장지에서 권장하는 기간에 파종해야 생리장애 및 병해충 예방에 효과적이다.

배추의 영양소

... 100g당 13kcal

수분	단백질	지질	당질	섬유소	회분	칼슘	인	철
94.3%	1.3g	0.2g	2.4g	0.7g	0.6g	51mg	29mg	0.3mg

나트륨	칼륨	비타민 A	베타카로틴	비타민 B_1	비타민 B_2	나이아신	비타민 C
5mg	230mg	9R.E	56㎍	0.05mg	0.06mg	0.3mg	46mg

(자료: 농촌진흥청 식품성분표)

상추

- **분류** : 국화과(Compositae) ・ **형태** : 두해살이풀
- **크기** : 1m 정도 ・ **개화기** : 6~7월 ・ **원산지** : 유럽, 서아시아

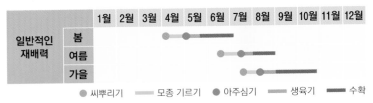

일반적인 재배력		1월	2월	3월	4월	5월	6월	7월	8월	9월	10월	11월	12월
	봄												
	여름												
	가을												

● 씨뿌리기　── 모종 기르기　● 아주심기　── 생육기　━━ 수확

　상추는 대표적인 '쌈 채소' 중 하나이다. 기원전 2500년경 고대 이집트 벽화에도 기록되어 있을 정도로 오랜 기원을 가지고 있는 채소로 우리나라에는 6~7세기경 인도, 중국 등으로부터 유입되었다는 기록이 있다. 오랜 역사만큼 품종도 다양한데 잎의 색과 모양, 크기, 결구성, 줄기의 형태 등에 따라 나뉘며, 보통 결구상추, 버터헤드상추, 로메인상추, 잎상추, 줄기상추, 라틴상추 등으로 분류된다. 외국에서는 이 6가지가 모두 생산, 이용되고 있지만 우리나라에서는 결구상추, 로메인상추, 잎상추 3가지 품종을 주로 재배하고 있다.

상추는 주로 육류와 곁들여 먹는 쌈 채소로 사용되며 특히 돼지고기와 섭취할 시 콜레스테롤 축적을 억제해 동맥경화를 예방할 수 있다. 중국에서는 볶아서 사용하기도 하며 일본에서는 살짝 데친 후 양념해서 먹기도 한다. 상추는 다른 엽채류에 비해 철분과 필수 아미노산이 풍부하여 혈액을 맑게 하고 저혈압을 예방한다. 상추 잎줄기의 우윳빛 액즙 성분인 락투카리움은 스트레스 및 불면증을 완화한다.

품종 고르기 → 상추는 재배 역사가 길고 자가수정에 의해 대부분의 품종이 유지되기 쉽기 때문에 많은 변종이 개발되어 봄 품종, 여름철 꽃대가 늦게 올라오는 만추대 품종, 가을에 재배하

줄기상추

청치마상추

적축면상추

결구상추

상추 꽃

상추 줄기

는 품종 등 다양하다.

- 잎상추 : 우리나라에서 가장 많이 가꾸는 상추이며 잎이 붙은 모양새에 따라 치마상추와 포기상추로 나뉜다. 색깔로는 적상추와 청상추로 분류하며 모두 잎 따기 수확을 할 수 있다(하청, 선풍포찹, 강한청치마, 뚝섬적축면, 뚝섬청축면).

- 로메인상추 : 잎이 오글거리지 않고 반반한 잎 모양을 가지며 적색과 녹색이 있다(청로메인, 적로메인).

- 오크립상추 : 잎 모양이 깊게 파여 갈래진 모양을 하며 잎에 수분이 많은 편으로 맛이 좋다(오크립).

- 결구상추(양상추) : 양배추처럼 잎을 결구시켜서 가꾸는 상추로 수분이 많아 맛있다. 통상추라고도 하며 잎상추에 비해 생육기간이 길고 저온에 견디는 힘도 약하므로 잎상추보다 재배 시기와 지역에 제한을 받는다(유레이크, 사크라멘토).

밭 만들기 → • 토양 조건 : 유기질이 풍부한 사질양토가 적합하다. 토양 산도는 pH6.0 정도의 약산성 또는 중성이 좋다.

- 이랑을 만들기 전에 퇴비와 밑거름 비료를 넣는다.
- 물 빠짐이 좋은 땅은 두둑을 따라서 열을 지어 심고 물 빠짐이 안 좋은 땅은 고랑 쪽으로 열을 지어 배수가 잘 되게 심는다.

씨 뿌리기

- 텃밭에 바로 뿌릴 경우는 재배상에 20cm 골을 만들어 줄뿌림하고 모종을 키울 경우 육묘상에 6cm 간격으로 파종하거나 128공 플러그 묘판을 이용한다.
- 상추 종자는 빛을 좋아하므로 씨를 뿌린 후 흙을 얇게 덮어주어야 발아율을 높일 수 있다. 씨를 뿌린 후 1달 정도면 텃밭에 옮겨 심을 수 있다.
- 모종 키우기가 번거롭거나 적은 면적이면 굳이 모종을 키우지 말고 종묘상 등에서 모종을 구입해 심는 것이 편리하다.

아주 심기

- 아주심기 시기 : 육묘 기간은 35~45일 정도이며, 본잎이 5~6장 전개되었을 때 아주심기 해야 활착도 잘되고 생육도 양호하다.

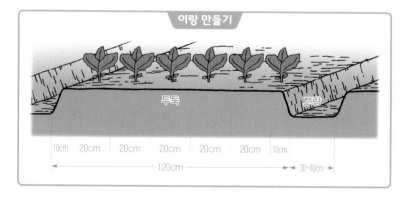

이랑 만들기

두둑   고랑

10cm 20cm 20cm 20cm 20cm 20cm 10cm
←──────────── 120cm ────────────→ ← 30~40cm →

상추 아주심기한 모습

- 모종을 옮겨 심는 간격은 잎을 따 먹는 상추는 20cm가 알맞으며 최대 10cm까지 심을 수 있다. 결구상추의 경우 30cm는 확보해야 한다.
- 심기 전에 충분히 물을 주어 뿌리에 흙을 많이 붙여 심는다.

물관리
- 마르지 않게 물 관리만 잘하면 크게 자람에 따라 솎아 먹으며 포기 간격을 맞추어 키울 수 있다.
- 물은 아침이나 저녁에 충분히 준다.
- 수확 전에 물을 뿌리면 흙이 튀어 지저분해지므로 수확 후 주도록 한다.

거름주기
- 상추는 생육 기간이 짧고 뿌리도 잘 발달하지 않으므로 밑거름 위주로 주되 질소 비료가 중심이 되어야 한다.
- 밑거름은 심기 일주일 전에 준다.
- 유기질 퇴비와 인산 비료는 모두 밑거름으로 주고, 질소와

수확한 상추

칼륨 비료는 절반을 웃거름으로 사용한다. 웃거름은 심고 나서 15~20일 간격으로 포기 사이에 흙을 파서 준다.

거름 총량 (g/3.3m²)	요소	석회	퇴비	염화칼륨
	100~200	500	10,000	140~170

재배 요령
- 온도 관리 : 생육에 적당한 온도는 15~20℃로, 온도가 높아지면 꽃눈이 생겨 잎의 생장에 치명적일 수 있고, 쓴맛이 증가하거나 생리적 장해가 나타나고 병이 많이 생기므로 온도 관리에 유의한다.
- 모종을 구입하여 옮겨 심으면 1주일만 지나도 아래쪽 큰 잎부터 따먹을 수 있다.

병해충 방제
- 밑동썩음병 : 5~6월에 기온이 많이 올라가면 발생한다. 땅에 닿는 부분에 커다란 갈색 무늬가 생기고 나중에 썩어 말라 죽기 때문에 이어짓기를 피하여 예방한다. 약제 방제법은 없다.
- 세균점무늬병 : 물 빠짐이 나쁘고 습도가 높을 때 발생한

다. 잎 가장자리에 작은 병 무늬가 발생하며 점차 커져서 흑갈색으로 번져 말라 죽는데, 반점세균병 약으로 방제가 가능하다.

• 텃밭에서 소규모로 키우는 상추는 가끔 진딧물이 발생하지만, 포기 간격을 다소 넓게 심어 통풍과 조광에 신경을 쓰면 막을 수 있다. 연작을 하지 않으면 걱정할 정도는 아니다.

수확 및 저장
• 잎상추는 아주심기 후 30일 경부터 가능하며, 묘가 활착이 되어 왕성한 생육을 보이면 겉잎부터 차례로 수확한다.
• 꽃대가 올라와 꽃봉오리가 보이면 뽑아버려야 한다.

성공 재배 노하우

1 재배 시기 : 봄 재배(4~7월), 가을 재배(8~11월)

2 잘 자라는 온도 : 싹이 트는 데 알맞은 온도는 15~20℃이고, 잘 자라는 온도도 15~20℃이다.

3 파종 후 7일 정도면 싹이 트는데 배게 심겨진 곳은 솎아준다.

4 토심이 깊고 물 빠짐이 좋은 모래참흙에서 잘 자란다. 흙이 질거나 지하수위가 높아서 다습한 땅에서는 통기가 불량하여 뿌리가 뻗지 못하여 잘 자라지 못한다.

상추의 영양소 _____ 100g당 18kcal

수분	단백질	지질	당질	섬유소	회분	칼슘	인	철
93%	1.2g	0.3g	3.5g	0.8g	1.2g	56mg	36mg	2.1mg

나트륨	칼륨	비타민 A	베타카로틴	비타민 B₁	비타민 B₂	나이아신	비타민 C
5mg	238mg	365R.E	2,191μg	0.07mg	0.08mg	0.4mg	19mg

(자료: 농촌진흥청 식품성분표)

시금치

- **분류** : 명아주과(Chenopodiaceae) ・ **형태** : 한해살이 또는 두해살이풀
- **크기** : 50cm 정도 ・ **개화기** : 5월
- **원산지** : 중앙아시아(아프가니스탄 주변), 서남아시아

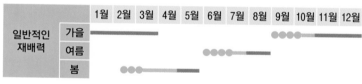

일반적인 재배력		1월	2월	3월	4월	5월	6월	7월	8월	9월	10월	11월	12월
	가을	━	━	━						●●●●	━	━	━
	여름					●●●●	━	━					
	봄			●●●	━	━							

● 씨뿌리기 ━ 생육기 ━ 수확

　시금치는 내한성이 강해 서늘한 봄, 가을과 겨울에 잘 자라며 이때 수확한 시금치는 비타민 C가 더 풍부하게 함유되어 있다. 동양종과 서양종으로 나뉘는데 동양종은 추위에 강하여 가을과 겨울에 재배되어 겨울 시금치라고 부르며, 서양종은 봄과 여름에 재배되어 여름 시금치라고 한다. 겨울 시금치는 잎이 날렵하지만, 여름 시금치는 잎이 두껍고 둥근 특징을 가진다. 서양에서는 주로 어린 시금치 잎을 샐러드용으로 사용하며, 우리나라는 나물이나 국거리 재료로 사용한다.

시금치는 각종 영양성분을 함유한 완전 영양 식품으로 철분과 엽산이 풍부하여 빈혈과 치매 예방에 효과적이다.

품종 고르기

- 외국에서는 많은 품종이 보급되어 있으나 우리나라는 아직도 재래종을 많이 재배한다. 다양한 품종들이 시판되고 있으므로 재배 작형과 재배 환경, 이용 용도에 따라 선택하여 재배한다. 뿌리가 적색이고, 잎이 길고 넓으며 잎 수가 많은 것, 잎살이 두껍고 잎 색이 선명한 녹색인 것, 입성(立性)이며 추대가 늦은 품종이 좋다.
- 봄 재배용 : 노벨, 파이오니아, 입추가락, 킹오브덴마크, 뮌스터랜드
- 여름 재배용 : 애트리스, 환립동해, 우성, 삼복상록, 재래종, 킹오브덴마크
- 가을 재배용 : 입추가락, 우성, 풍성, 차랑환, 뮌스터랜드, 재래종

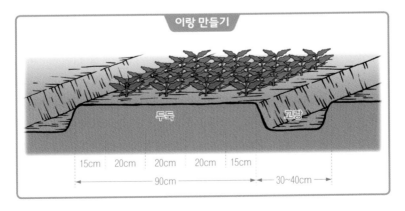

이랑 만들기

| 15cm | 20cm | 20cm | 20cm | 15cm |

두둑 · 고랑

90cm · 30~40cm

• 토양 조건 : 토심이 깊고 물 빠짐이 좋은 사질토나 점토질
토양에서 잘 자란다. 시금치의 뿌리는 비교적 땅속 깊이
자라므로 땅을 깊이 간다.

• 땅을 갈기 전에 3.3m²당 퇴비 3kg, 요소 60g, 용과인
150g, 염화칼륨 60g, 석회 300g을 밭 전면에 뿌린 뒤 밭을
갈고 로터리 작업으로 흙을 곱게 분쇄해준다.

• 이랑 만들기 : 물 빠짐이 좋은 땅은 5줄 재배하고 물 빠짐
이 안 좋은 땅은 4줄 재배한다. 두둑에 비닐을 씌우면 지
온이 높아져 생육이 빠르고 잡초가 생기는 것을 방지할 수
있다.

• 파종 적기는 9월 상순에서 10월 중순 사이이며, 이르게 파
종하면 30일 이후에 수확할 수 있지만 늦게 파종하면 수
확까지 120일 이상 걸릴 수도 있다. 봄에는 3월부터 5월
까지 파종하면 된다.

• 시금치 종자는 껍질이 두꺼우므로 24시간 물에 담갔다가
뿌리는 것이 좋다.

재배상자에 시금치 씨뿌리기

❶ 물에 담갔다가 뿌 린다. ❷ 고운 흙을 0.1cm 정도 덮어준다. ❸ 본잎이 1~2장일 때 솎 아준다.

어린 시금치

시금치 꽃

- 재배 상자에서는 씨를 뿌린 후에 채를 이용하여 고운 흙을 0.1cm 정도 덮어준다.
- 밭에 뿌릴 경우에는 10m²에 150~180mL 정도의 종자가 소요된다. 줄뿌림의 경우 자리를 파고 씨를 뿌린 후에 흙을 덮어주거나, 전 이랑에 흩뿌리고 갈퀴나 호미로 씨 뿌린 이랑 위를 긁어서 씨를 살짝 덮어준다.
- 적정 발아 온도 : 발아에 가장 좋은 온도는 15~20℃로 다른 작물에 비해 낮은 편이며 4일 정도 걸린다. 이보다 온도가 높으면 발아율도 떨어지고 싹트는 시간이 더 길어진다.

물관리
- 발아기에는 온도가 높으면 발아율이 떨어지므로 씨를 뿌리고 나서 물을 충분히 주고 마르지 않도록 신문지를 덮는 등 주의해야 한다.
- 재배지는 물 빠짐이 좋아야 한다.

거름 주기
- 유기질 퇴비와 인산 비료는 모두 밑거름으로 주고, 질소와 칼륨 비료는 절반을 웃거름으로 시용한다.
- 밑거름은 심기 일주일 전에 준다.
- 짧은 기간에 급속히 발육하므로 밑거름에 중점을 두고 시

비하되 웃거름도 작형에 따라 1~3회 정도 준다.

거름 총량 (g/3.3m²)	요소	용과린	염화칼륨	퇴비	석회
	180	100	66	6,700	330

재배 요령

• 솎아주기 : 발아 후에도 건조하지 않도록 주의해야 한다. 어릴 때에는 오히려 촘촘하게 자라는 것이 발육에 좋은데, 자라는 것에 따라 솎아준다. 김매기도 함께 해 준다.

• 너무 촘촘하게 심어진 경우는 싹이 튼 후 1주일 경에(본잎 1~2장 때) 약간 솎아주고 2주일 경에 포기 사이를 4~5cm 간격으로 솎아준다. 본잎이 6~7장 정도 자랐을 때 너무 밀식되어 있으면 품질이 나빠지므로 크게 자란 것부터 솎아서 먹으면 된다.

• 저온에는 강한 편이지만 12월까지 재배하고자 한다면 방한용으로 비닐을 씌워서 관리하는 것이 좋다.

• 고온을 싫어하므로 여름에 일반 평지에서 재배하면 꽃대가 올라와버려 잎을 못 쓰게 된다.

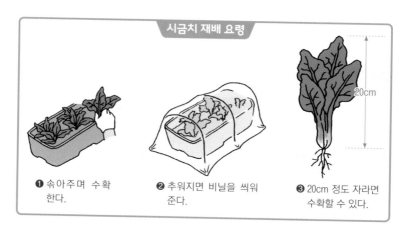

시금치 재배 요령

❶ 솎아주며 수확한다.

❷ 추워지면 비닐을 씌워 준다.

❸ 20cm 정도 자라면 수확할 수 있다.

시금치 밭

병해충 방제

- 모잘록 : 어린 묘일 때 주로 발생하며, 특히 고온일 때 많이 생긴다. 뿌리의 일부가 갈색으로 변하고, 증상이 심해지면 병든 부위가 잘록하게 되어 넘어진다. 토양이 너무 습하지 않도록 관리하고, 벤레이트 등으로 종자를 소독하거나 친환경 토양용 입제 등으로 파종 전 토양을 소독한다.

- 노균병 : 봄·가을 저온기에, 질소 비료를 많이 넣어주었을 때 주로 발생한다. 저온에 과습한 상태에서 많이 발생하므로 시금치 포기 사이가 너무 촘촘하지 않도록 관리한다.

성공 재배 노하우

1. 재배 시기 : 봄~여름 재배(4~7월), 가을 재배(7~11월)
2. 싹트는 온도와 잘 자라는 온도 : 15~20℃
3. 산성 토양을 싫어하므로 석회를 섞어 중화시킨 후 재배용토로 쓴다.
4. 처음 키우는 사람은 가을에 재배하는 것이 쉽다. 수확이 늦어지면 줄기가 자라고 잎이 단단해져 시금치의 고유한 맛이 사라지므로 적기에 수확한다.

타코닐수화제 방제가 좋다.

- 응애 : 잎 뒷면에 기생하여 흡즙하는데 엽록소를 파괴해 가해 부분을 하얗게 백화시킨다. 본잎이 2~3장일 때 밀베멕틴유제 1,000배액을 살포해 방제 가능하다.
- 도둑나방 : 봄이나 가을에 많이 발생한다. 유충이 잎에 해를 끼치는데 애벌레 때 구제하지 않으면 큰 효과가 없기 때문에 발생 초기에 엘산 1,000배액을 살포한다.

수확 및 저장

- 수확 적기 : 대개 초장이 20cm 정도로 자라면 수확한다.
- 파종해서 수확까지의 기간은 가을 파종한 경우 50~60일 정도, 여름 파종한 경우 30~35일 정도, 봄 파종한 경우 40일 정도된다.

수확한 시금치

- 수확기가 늦어지면 줄기의 마디 사이가 신장하고 잎자루가 굳어져서 상품 가치가 떨어진다.

시금치의 **영양소**

100g당 27kcal

수분	단백질	지질	당질	섬유소	회분	칼슘	인	철
90.4%	2.8g	0.4g	4.7g	0.6g	1.1g	43mg	48mg	2.5mg

나트륨	칼륨	비타민 A	베타카로틴	비타민 B₁	비타민 B₂	나이아신	비타민 C
72mg	595mg	477R.E	2,860μg	0.12mg	0.28mg	0.5mg	66mg

(자료: 농촌진흥청 식품성분표)

양배추

- **분류** : 십자화과(Cruciferae)   · **형태** : 두해살이풀
- **크기** : 40~50cm 정도   · **개화기** : 5~6월   · **원산지** : 지중해 연안, 서아시아

일반적인 재배력		1월	2월	3월	4월	5월	6월	7월	8월	9월	10월	11월	12월
	봄			●	━	●	━	━					
	여름								●	━	●	━	━

● 씨뿌리기   ━ 모종 기르기   ● 아주심기   ━ 생육기   ━ 수확

    양배추는 고대 그리스 시대부터 즐겨 먹던 채소로 미국의 타임지가 선정한 서양 3대 장수식품 중 하나이다. 양배추의 품종은 매우 다양한데 현재는 일반 양배추, 적색 양배추, 사보이 양배추, 방울다다기 양배추 등이 일반적으로 소비되고 있다. 일반 양배추의 소비량이 가장 많으며 샐러드와 볶음요리, 숙채 등으로 활용되고 있고, 적색 양배추는 샐러드 채소, 즙 등 제한적으로 사용되나 최근 소비가 증가하고 있다. 사보이 양배추는 제주지역에서 재배에 성공하여 유통되고 있다. 최근 방울다다기 양배추가 큰 인기를 누리고 있는데, 방울토마

토만큼 작은 크기에 일반 양배추보다 2배 이상의 영양을 함유하고 있기 때문이다.

양배추는 위 건강을 돕는데 특히 효력이 있으며, 암 예방, 혈액순환, 해독작용, 변비 개선 등의 효능이 있다.

품종 고르기
- 품종은 크게 일반 양배추와 적색 양배추로 나눌 수 있으며, 품종에 따라 재배 시기가 다르므로 품종 선택 시 유의한다.
- 일반 양배추 : YR온누리, 대월, 윈터헌트, CM, 양춘, 대공, 사계확 등
- 적색 양배추 : 레드선, 로얄, 중생 루비볼, 레드에카

밭 만들기
- 토양 조건 : 토양을 많이 가리지는 않지만 유기질이 풍부하고 보수력이 좋은 흙이 좋다.
- 이랑을 만들기 전에 퇴비와 밑거름 비료를 넣는다.
- 이랑 만들기 : 이랑은 재배 형태에 따라서 두둑과 고랑 폭을 결정해 만들고, 아주심기 전에 모종 심을 구덩이를 파

적색 양배추

방울다다기 양배추

고 미리 물을 흠뻑 주면 초기 생육이 좋아진다.

씨 뿌리기

- 플러그 육묘상자나 9cm 포트에 씨를 뿌린 후 신문지로 덮어 수분 증발을 억제한다.
- 봄 재배에서는 반드시 온상 육묘를 실시하여 저온을 피해야 한다. 가을 재배용 모종은 진딧물 또는 배추좀나방 등의 피해가 우려되므로 반드시 한냉사(비와 바람, 햇빛, 해충을 막아주는 덮개)를 피복하여 육묘한다.
- 육묘상(조기 재배용 하우스)은 매일 오전과 오후에 물을 충분히 준다.
- 솎아주기 : 씨앗을 뿌린 후 1주 후에 1차 솎아주기를 하여 1홀에 2개 정도 남기고, 1주 후에 다시 솎아주기를 하여 1홀에 1주씩 남겨 본잎이 4~5매까지 자라도록 모종을 기른다.

아주 심기

- 씨를 뿌린 후 35~40일, 본잎이 4~5장 되었을 때 뿌리가 끊어지지 않고 깊이 들어가도록 심는다.
- 활착 때까지 물을 주어 뿌리가 땅속 깊게 뻗도록 관리한다.
- 모종 고르기 : 모종을 구입해 심을 때는 뿌리가 잘 발달해

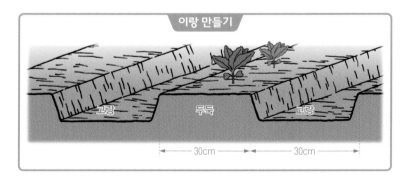

이랑 만들기

고랑　　두둑　　고랑

|←— 30cm —→|←— 30cm —→|

양배추 밭

잔뿌리가 많고 밀생되어 있는 것, 노화되지 않고 병해충 피해가 없는 것으로 선택한다.

물관리

밭에 내어 심은 다음 바로 충분히 물을 주는 것은 물론 생육 중기 이후 속이 차기 시작될 때도 수분이 많이 필요하

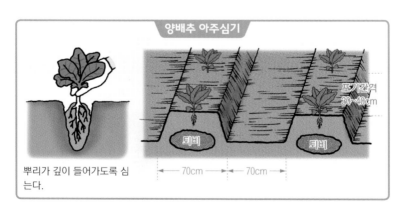

양배추 아주심기

뿌리가 깊이 들어가도록 심는다.

포기간격 30~40cm

퇴비

퇴비

←— 70cm —→←— 70cm —→

| 좋음 | 꽃대가 올라옴 | 결구하지 않음 |

양배추 결구 상태 및 추대

므로 물이 부족하지 않도록 수시로 물을 주어야 한다.

• 결구가 시작된 다음에는 바깥쪽 잎이 부러지기 쉽고 뿌리가 끊어져 생육이 나빠지므로, 제초 작업은 결구 전에 한다. 결구기 때는 수분에 민감하므로 지속적으로 관수를 한다.

거름 주기

• 만생종은 밑거름과 웃거름 비율을 1:1로, 조생종은 2/3:1/3로 한다.

• 아주심기 하고 1개월 후에 1차 웃거름을 주는데, 속효성

양배추 북주기

뿌리 부분에 흙을 덮어준다.

수확한 양배추

비료를 약간 주면서 흙을 돋아준다.

• 결구기 때는 비료의 흡수가 왕성하므로 한 번 더 웃거름을
  준다.

거름 총량 (g/3.3m²)	요소	용과린	염화칼륨	퇴비	고토석회
	180	200	83	6,700	333

• 밑거름으로 복합비료를 주어도 상관없다.

병해충 방제

• 뿌리썩음병 : 생육 초기에는 잘록 증상으로 나타나며, 생
  육 중기 이후부터는 뿌리가 썩는 증상으로 나타난다. 배수
  를 철저히 하고, 돌려짓기하여 방제한다.

• 무름병 : 땅에 닿는 부분 등에 수침상의 반점이 생기다가
  포기 전체로 번져 썩는데 심한 악취가 난다. 토양살충제를
  살포하고, 배수를 철저히 하며, 질소 비료를 줄여 방제한다.

- 진딧물 : 새잎과 새 줄기에 많이 붙어 해를 끼치는데 진딧물 약제로 방제 가능하다.
- 배추잎벌레 : 배추잎벌레는 가을재배 생육 초기 잎에 구멍이 뚫어 피해를 주는데 심기 전에 배추 전용 토양살충제를 뿌린 후에 심는다.

수확 및 저장
- 손으로 포기를 눌렀을 때 단단한 것을 수확한다.
- 봄 재배는 1~1.5kg, 가을 재배는 0.8~1kg 정도 크기를 수확한다.
- 양배추 포기를 옆으로 약간 밀면서 뿌리를 자른다.

성공 재배 노하우

1 재배 시기 : 봄 재배(3~7월), 가을 재배(7~11월)

2 물주기 : 매일 오전에 실시

3 거름주기 : 본밭 밑거름은 밭에 내어 심기 1주 전에 주며 웃거름은 내어 심은 후 25일 간격으로 준다.

양배추의 영양소

... 100g당 31kcal

수분	단백질	지질	당질	섬유소	회분	칼슘	인	철
90.6%	1.4g	0.2g	7.3g	0.8g	0.6g	38mg	26mg	0.4mg

나트륨	칼륨	비타민 A	베타카로틴	비타민 B_1	비타민 B_2	나이아신	비타민 C
5mg	222mg	3R.E	–	0.04mg	0.04mg	0.3mg	29mg

(자료: 농촌진흥청 식품성분표)

엔디브(치커리)

- **분류** : 국화과(Compositae)　　• **형태** : 한해살이 또는 두해살이풀
- **크기** : 15~20cm 정도　　• **개화기** : 3~4월　　• **원산지** : 북유럽

일반적인 재배력		1월	2월	3월	4월	5월	6월	7월	8월	9월	10월	11월	12월
	봄				●━	━●	━━						
	여름						●━	━●	━━				
	가을								●━	━●	━━━	━━	

● 씨뿌리기　　━━ 모종 기르기　　● 아주심기　　━━ 생육기　　━━ 수확

　　엔디브를 치커리라고 부르기도 하는데, 엔디브와 치커리는 같은 국화과 식물로 근연종일뿐 서로 다르다. 우리가 흔히 '치커리'라고 부르는 채소는 슈가로프, 트레비소, 라디치오, 치콘 등 한 번쯤은 들어봤음 직한 채소류를 통칭하는 말이다. 그만큼 치커리는 다양한 종류가 있으며, 종류에 따라 색과 모양이 다르다. 종류에 따라 맛도 조금씩 차이가 있지만, 일반적으로 치커리 특유의 쌉쓰름한 맛을 갖고 있어 입맛을 돋우는 채소로 활용된다.

　　우리나라에서는 쌈 채소, 샐러드 등 생으로 활용하는 경우가 많지만, 독일과 프랑스에서는 굵은 뿌리를 말려 가루로 만든 다음 커피 대용으로 마시거나 커피의 색이나 쓴맛을 짙게 하는 첨가제로 사용하기도 한다. 유럽에서는 뿌리를 이뇨·강장·건위 및 피를 맑게 하는 민간약으로도 이용한다.

치커리는 열량은 낮은 반면 식이섬유와 칼륨, 칼슘뿐 아니라 각종 무기질, 비타민이 풍부해 비만 등 각종 성인병 예방과 다이어트에 도움을 준다. 쓴맛을 내는 인티빈이라는 성분은 소화촉진, 콜레스테롤 수치 저하, 항암 예방에 도움이 된다.

품종 고르기

- 엔디브는 잎이 넓은 에스카롤 계통의 부비코프와 잎이 오글거리는 계통인 그린 컬리드, 샐러드 킹이 있다.
- 한편 치커리를 크게 두 가지로 나눈다면 뿌리를 이용하기 위해 재배되는 종과 잎을 쌈이나 샐러드 형태로 이용하는 종이 있다. 다음은 치커리의 품종이다.
- 슈가로프 : 치커리 잎을 이용하는 종이며 잎이 넓고 녹색으로 결구하는데 속은 다소 오글거리며 전체적으로 배추 같다.

슈가로프

라디치오

- 로쏘 디 베로나 : 잎이 적색이며 이탈리아에서 빼놓을 수 없는 샐러드 채소이다. 적색 치커리를 이탈리아에서는 라디치오라고 부른다.

밭 만들기

- 토양 조건 : 유기질이 풍부한 사질 토양이 적합하다. 토양 산도는 pH6.0 정도의 약산성 또는 중성이 좋다.
- 이랑을 만들기 전에 퇴비와 밑거름 비료를 넣는다.
- 물 빠짐이 좋은 땅은 두둑을 따라서 열을 지어 심고, 물 빠짐이 안 좋은 땅은 고랑 쪽으로 열을 지어 배수가 잘 되도록 심는다.

씨 뿌리기

- 땅 온도가 20℃ 이상 되어야 발아가 잘 된다. 파종 전에 씨앗을 3~4시간 정도 물에 담가 바닥에 가라앉은 것만 골라 골을 따라 뿌린다. 이때 골 간격은 20cm 정도로 하며, 씨앗을 뿌린 뒤에는 0.5cm 이하로 흙을 살짝 덮어준다.
- 솎아주기 : 싹이 나고 본잎이 1~2장일 때 5cm 간격으로, 본잎이 3~4장일 때 10cm 간격으로 솎아준다.

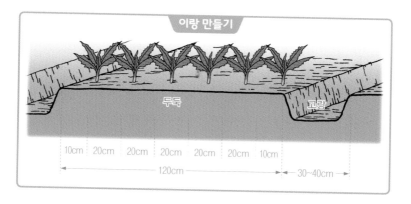

치커리 꽃

치커리 뿌리

**재배
요령**

- 엔디브는 상추와 거의 같은 환경에서 잘 자라는 호냉성 채소이다.
- 종자의 발아에는 18~23℃가 알맞으며 일주일가량 걸린다.
- 생육은 17~18℃에서 가장 좋다.
- 봄 재배와 가을 재배에서 생육이 왕성하고 수량이 많이 난다.
- 서늘한 곳에서 잘 자라며 물을 듬뿍 주어야 하고 약간 그늘진 곳이 좋다. 여름철 시설하우스 재배의 경우 차광이 필요하다.
- 건조한 기후에서는 꽃대가 올라오는 추대현상이 발생하므로 적절한 수분을 공급해줘야 한다.

물관리

- 분수식 물주기가 보편적이나 엔디브는 잎을 생식하기 때문에 분수호스로 관수할 경우 흙탕물이 튀어서 잎에 묻을 수 있으므로 점적 관수를 하는 것이 좋다.
- 하우스나 터널에서 재배할 경우에는 관수와 환기가 중요한데, 지나치게 많이 관수하면 묘가 웃자라서 병에 걸리기 쉬우므로 조금씩 자주 관수하는 것이 좋다. 환기를 자주

수확 전 치커리

시켜 튼튼하고 잎수가 많도록 유지시켜야 한다.

거름 주기
- 거름은 심기 일주일 전에 준다.
- 유기질 퇴비와 인산 비료는 모두 밑거름으로 주고, 질소와 칼륨 비료는 절반을 웃거름으로 시용한다.
- 웃거름은 심고 난 후에 15~20일 간격으로 포기 사이에 흙을 파서 준다.

거름 총량 (g/3.3m²)	요소	석회	퇴비	용과린	염화칼륨
	100~200	500	10,000	100	100

병해충 방제
- 갈색심부병 : 잎 가장자리와 중심부가 갈색으로 썩는 현상이 발생하는데 이것은 병이 아니고 칼슘 부족에서 발생하는 생리적 현상이므로 염화칼슘을 물 20L에 20~40g을 녹여 뿌려준다.
- 달팽이와 진딧물이 생기기도 하고, 상추 모자이크병, 흰가루병, 노균병 등이 발생하기도 한다. 상추와 같이 방제하면 된다.

수확 및 저장

- 에스카롤 계통은 잎 따기 수확과 포기 수확이 모두 가능하지만 컬리드 계통은 잎 따기 수확을 주로 한다.
- 파종에서 수확까지는 40~50일 정도 걸린다.

수확한 치커리

- 본잎이 8~10장 정도 되면 생장점 잎이 완전히 전개된 잎 1장을 남기고 아랫잎부터 수확한다.

성공 재배 노하우 ⌒ ⌒ ⌒ ⌒ ⌒ ⌒ ⌒ ⌒ ⌒ ⌒ ⌒ ⌒ ⌒ ⌒

1 잘 자라는 온도 : 15~20℃
2 수분 요구도 : 생육이 가장 활발할 때 150~180L/㎡가 필요하며 상추와 유사하다.
3 햇빛을 너무 받으면 잎이 질겨지고 쓴맛도 강해진다.

엔디브의 영양소 ... 100g당 18kcal

수분	단백질	지질	당질	섬유소	회분	칼슘	인	철
93%	1.2g	0.3g	3.5g	0.8g	1.2g	56mg	36mg	2.1mg

나트륨	칼륨	비타민 A	베타카로틴	비타민 B₁	비타민 B₂	나이아신	비타민 C
5mg	238mg	365R.E	2,191µg	0.07mg	0.08mg	0.4mg	19mg

(자료: 농촌진흥청 식품성분표)

잎들깨(깻잎)

- **분류** : 꿀풀과(Labiatae)
- **형태** : 한해살이풀
- **크기** : 60~90cm 정도
- **개화기** : 8~9월
- **원산지** : 인도의 고지, 중국 중남부

일반적인 재배력		1월	2월	3월	4월	5월	6월	7월	8월	9월	10월	11월	12월
	노지												
	육묘												
	직파												

(씨앗을 수확하려면 8월 10일 이후 잎 수확 중지)

● 씨뿌리기　━━ 모종 기르기　● 아주심기　━━ 생육기　━━ 수확

　깻잎은 예로부터 인도, 한국, 중국 등의 아시아 지역에서 재배됐으나 식용으로 먹는 것은 우리나라가 거의 유일하다. 깻잎은 흔히 참깻잎과 들깻잎으로 구분되는데 분류학상 둘은 완전히 다른 종이다. 우리가 일반적으로 마트나 시장에서 구매하여 먹는 것은 들깻잎이다. 참깻잎은 긴 타원형에 끝이 뾰족하게 생겼으며, 잎이 억세고 두꺼워 식용으로 잘 사용하지 않고 주로 한방에서 약재로 사용된다. 또한 참깻잎을 따게 되면 종자가 여물지 않아 참깨를 수확하기 어렵기 때문에 참깻잎은 종자를 얻기 위해 재배하는 경우가 많다. 들깨의 경우

에는 잎과 종자를 모두 식용으로 사용하는데, 깻잎을 목적으로 재배하여 잎의 생산량이 많은 잎들깨 품종과 종자인 들깨를 목적으로 하여 종자의 생산량이 많은 엽실들깨 품종이 있다.

깻잎은 독특한 향을 가지고 있어 주로 쌈 채소, 장아찌, 무침 요리의 주재료나 찌개와 탕의 부재료로 활용되며 농가에서는 가축들을 쫓아내 농작물을 보호하는 목적으로 재배되기도 한다. 한편, 깻잎의 정유 성분이 비린내를 제거하기 때문에 비린내가 나는 생선이나 육류와 함께 섭취하면 좋다. 깻잎은 시금치보다 2배 이상의 철분을 함유하고 있어, 빈혈 예방 및 성장 발달에 효과적이다.

품종 고르기
- 잎들깨는 개화시기에 따라 조생종은 9월 초, 만생종은 9월 말경에 개화한다. 대체로 만생종이 키는 작고 잎은 비교적 크면서도 두꺼운 편이고 일장에 둔감하여 잎 생산을 위한 재배에 많이 쓰인다.
- 잎을 수확하는 품종 : 잎들깨1호, 만백들깨, 구포들깨, 금산들깨
- 잎과 종실 모두 수확하는 품종 : 백광들깨, 대엽들깨, 백상들깨, 새엽실들깨, 아름들깨, 영호들깨

밭 만들기
- 토양 조건 : 유기질이 풍부한 사질양토가 적합하다. 토양 산도는 pH6.0 정도의 약산성이나 중성이 좋다.
- 이랑을 만들기 전에 퇴비와 밑거름 비료를 넣는다.

씨 뿌리기
- 땅 온도가 20℃ 이상 되어야 발아가 잘 되므로 4월 중순경부터 뿌린다.

들깨 꽃

들깨 씨앗

- 물 빠짐이 좋은 땅은 두둑을 따라서 열을 지어 파종하고 물 빠짐이 안 좋은 땅은 고랑 쪽으로 열을 지어 배수가 잘 되게 파종한다.
- 씨앗은 파종 전에 3~4시간 정도 물에 담가 바닥에 가라앉은 씨앗만 골라 골을 지어 뿌린다. 이때 골 간격은 20cm 정도로 한다.
- 종자가 발아할 때 빛이 필요하므로 파종 후 종자 위에 흙을 덮지 말고 판자 등으로 가볍게 눌러 종자를 흙 속으로 밀어 넣거나 고운 모래로 덮어준다.

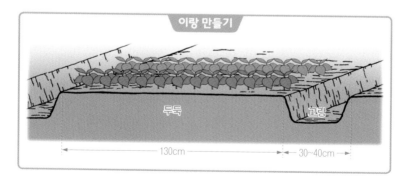

이랑 만들기

두둑

고랑

130cm

30~40cm

- 솎아주기 : 본잎이 1~2장 정도 나면 5cm 간격으로, 본잎이 3~4장 정도 되면 10cm 간격으로 솎아준다.
- 20일에 한 번 정도 깻묵이나 비료를 조금씩 식물체 주변에 뿌려주고 가볍게 토양을 갈아준다.
- 들깨가 튼튼하게 크기 위해서는 토양의 양분이 적절히 공급되고 유기물이 많아야 하며 적당한 간격으로 심어서 햇빛을 골고루 보게 한다.

들깨 밭

- 장마철이 되어서 너무 무성하면 병에 걸리기 쉽기 때문에 중간에 드문드문 솎아주어 자리를 넓혀주면 병드는 일이 적다.
- 초가을이 되면 겨드랑이에 꽃이 보이기 시작하고 잎이 작아지며 맨 위에는 더 이상 새로운 잎이 나오지 않게 된다.

- 약간 촉촉할 정도로 물기 있는 토양이면 좋고, 토양 표면의 색이 하얗게 되면 물을 주어 시들지 않게 한다.

- 밑거름은 심기 일주일 전에 준다.
- 유기질 퇴비와 인산 비료는 모두 밑거름으로 주고, 질소와 칼륨 비료는 절반을 웃거름으로 시용한다.

깻잎

• 웃거름은 심고 나서 20~25일 간격으로 포기 사이에 흙을 파서 준다.

거름 총량 (g/3.3m²)	요소	용과린	염화칼륨	퇴비	석회
100~200	100	100	10,000	500

병해충 방제 ➡

• 노병 : 줄기와 잎이 무성하거나 여름철 비가 자주 내리고 일조가 부족할 때 발생하므로 곁가지를 제거해 햇빛을 잘 받고 통풍이 잘 되도록 하여 모종의 웃자람을 막는다. 다이센-M으로 방제한다.

• 진딧물 : 건조하면 많이 발생하고 퍼지는 속도도 빠르다. 진딧물은 내성이 생겨 잘 죽지 않으므로 방제약 선택을 잘 해야 한다. 체스 같은 약제로 방제한다.

- 텃밭용 잎들깨는 작물보호제를 뿌리지 않아야 하기 때문에 병이 발병하면 뽑아내버리거나 병에 걸린 부위를 잘라낸다.

수확 및 저장

- 잎 부위는 본잎 4매부터 수확이 가능하다. 한꺼번에 전부 수확하면 줄기가 점차 연약해져서 병에 걸리기 쉽다.
- 대개 잎의 크기가 가로세로 7~10cm 정도 되었을 때가 적기로 일주일 간격으로 아래쪽 잎부터 차례로 수확한다.

성공 재배 노하우

1 싹트는 온도 : 10~25℃

2 잘 자라는 온도 : 낮 15~25℃, 밤 5℃ 이상, 17℃ 이하이면 생육이 떨어지고 7~8℃ 이하에서는 저온피해를 입게 되며, 특히 서리에 약하다.

3 햇빛의 세기 : 호광성 작물이므로 빛을 잘 받을 수 있게 하는 것이 중요하다.

4 텃밭용으로 봄에 파종하여 여름철까지 잎을 따서 먹는 품종으로는 부산, 양산 등지에서 오랫동안 재배하고 있는 재래종을 구해 심으면 별 문제가 없을 뿐 아니라 가을철에 종자를 받아서 다음 해 다시 이용할 수 있다.

잎들깨의 영양소

... 100g당 29kcal

수분	단백질	지질	당질	섬유소	회분	칼슘	인	철
87.6%	3.9g	0.5g	4.4g	2g	1.6g	198mg	58mg	3.1mg

나트륨	칼륨	비타민 A	베타카로틴	비타민 B_1	비타민 B_2	나이아신	비타민 C
11mg	303mg	1,553R.E	9,319μg	0.09mg	0.28mg	1.1mg	55mg

(자료: 농촌진흥청 식품성분표)

파

- **분류** : 백합과(Liliaceae) · **형태** : 여러해살이풀
- **크기** : 60cm 정도 · **개화기** : 6~7월 · **원산지** : 중국 서부

일반적인 재배력		1월	2월	3월	4월	5월	6월	7월	8월	9월	10월	11월	12월
	봄			●			●						
	가을			●						●			

● 씨뿌리기　── 모종 기르기　● 아주심기　── 생육기　── 수확

　파는 우리나라 음식의 대표적인 향신 채소이다. 중국으로부터 유입되어 국내에서는 통일신라시대부터 재배되었을 것으로 추정된다. 이처럼 파는 재배역사가 오래되었고 우리 국민의 식생활에서 중요한 위치를 차지하고 있는 중요한 채소 중 하나이다. 수요가 많아 전국적으로 재배면적이 넓고 종자의 유통량이 많다. 파에는 두 가지 맛이 있는데, 생으로 사용할 때는 알싸한 매운맛과 특유의 향이 있으며, 익히면 단맛을 내기 때문에 활용도가 높다. 생 파는 특유의 향이 잡냄새를 잡아주기 때문에 다양한 요리의 향신 채소로 사용하며, 육수를

우려낼 때는 감칠맛과 시원한 맛을 내기 위해 뿌리 부분을 사용한다.

파에 풍부하게 함유된 알리신은 항균작용이 뛰어나 면역력을 높여 주고 감기를 예방해주며 식이섬유가 풍부해 장의 운동을 원활하게 하여 숙변 제거에 효과가 있다.

품종 고르기

- 여름파형 품종 : 외대파, 줄기파라고 하며 엽초 부분이 길고 굵게 자라는 품종이다. 석창, 사촌, 금장 등이 있으며 추위에 강하다.
- 겨울파형 품종 : 저온기가 되어도 휴면이 되지 않는 품종이다. 더위에 강하나 추위에는 약하므로 따뜻한 지방이 아니면 생육이 불가능하다. 구조파나 서울백파가 있다.

밭 만들기

- 토양 조건 : 물 빠짐이 좋은 땅이 생육에 좋으며, 산도 pH5.7~7.4 정도의 중성 내지 약알칼리성 토양을 좋아한다.
- 이랑을 만들기 10~20일 전에 퇴비와 밑거름 비료를 넣는다.

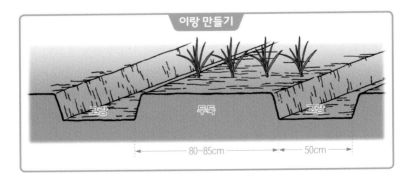

이랑 만들기

고랑　　　　　두둑　　　　　고랑

80~85cm　　　　　50cm

파 꽃

- 파의 뿌리는 연약해 비료에 직접 닿게 되면 말라죽으므로 흙과 골고루 잘 섞이도록 밭을 갈아준다.

씨 뿌리기
- 본밭 10m²당 소요되는 육묘상은 1.7m², 파종량은 10mL 정도다.
- 두둑 너비가 90~120cm 되도록 파종상을 만들고 15cm 간격으로 줄뿌림하는 것이 제초 작업 등 육묘상 관리에 유리하다.
- 본잎이 2~3장 나면 솎음질하여 모종 간격이 1~2cm가 되도록 한다.

아주 심기
- 모종의 크기를 대중소로 구분해 아주심기 한다.
- 분얼이 없는 외대파는 3~4cm, 분얼이 많은 쌍룡파나 구

아주심기한 파

조파 등은 5~6cm 간격이 적당하며 복토는 얕게 해야 활
착이 빠르다.

- 골의 깊이는 파의 연백부(파의 흰 부분)의 길이와 관계가 있
  는 것으로 30~35cm 정도면 충분하다.
- 골의 방향은 여름 오후의 강한 광선을 피하고 태풍 시 강

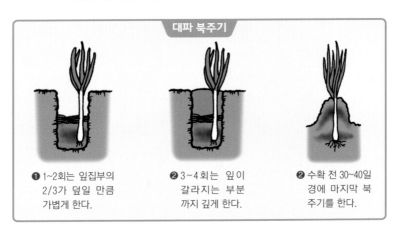

대파 북주기

❶ 1~2회는 잎집부의
2/3가 덮일 만큼
가볍게 한다.

❷ 3~4회는 잎이
갈라지는 부분
까지 깊게 한다.

❷ 수확 전 30~40일
경에 마지막 북
주기를 한다.

풍에 쓰러지지 않도록 남북 방향으로 만들고 골의 서쪽에
심는 동향식이 좋다.

재배
요령
- 건조에 비교적 강하지만 과습에는 약해 해를 입기 쉽다.
- 북주기 : 연백부를 길게 하기 위해 북주기를 한다. 깊이
  20cm, 폭 15cm 정도의 골을 만들고 긁어낸 흙은 골의 북
  쪽에 쌓아둔다. 모종을 골의 남쪽 측면에 5cm 정도의 간
  격으로 세운다. 뿌리 부분이 덮이도록 1~3cm 두께로 넘
  어지지 않게 눌러주면서 복토한다. 첫번째 북주기는 아주
  심기를 한 후 한 달 뒤, 마지막 북주기는 수확하기 한 달
  전쯤에 한다.

거름
주기
- 파는 아주심기 후 1~2개월까지 완만하게 자라고 3~4개
  월부터 왕성하게 자라 중량이 3~4배로 늘어난다. 따라서
  밑거름은 소량 공급하고 아주심기 후 1~2개월부터 웃거

파밭

름을 주기 시작해 비료 성분이 꾸준히 흡수되도록 하는 것이 바람직하다.

• 인산 비료는 완효성이므로 밑거름과 첫 번째 웃거름으로 전량 사용하고, 질소 비료는 3~4회 웃거름으로 주는 것이 일반적인데 생육에 따라 월 1회씩 준다.

• 웃거름은 재배기간 중 요소 27g, 염화칼륨 7g씩 4회 준다.

거름 총량 (g/3.3m²)	요소	용과린	염화칼륨	퇴비
	181	417	166	10,000

• 밑거름으로 복합비료를 주어도 상관없다.

쪽파

쪽파는 재배하기가 쉬워 텃밭이나 주말농장 등에서 많이 심는 인기 품종이다. 쪽파가 자라는 모습은 대파와 비슷하나 대파보다는 잎이 가늘게 자란다. 쪽파 종구는 마늘처럼 여러 쪽이 모여 통을 이룬다. 대부분의 쪽파는 불임씨앗이라 파종이나 모종으로 심는 대파와 달리 종구를 심어 번식시킨다. 쪽파는 대부분 김장 재료로 많이 쓰이므로 김장배추나 김장무와 함께 심는다. 김장용 쪽파는 주로 9월 초에 심는다. 그렇지만 월동시켜 이듬해 4월경에 수확하는 쪽파는 9월 중순에 심어도 된다. 쪽파는 재배기간 동안 특별한 관리를 하지 않아도 잘 자란다. 다만 밭흙이 마르지 않게 3~4일마다 물을 주는 게 좋다. 쪽파는 심어 놓고 보름 정도만 키워도 파전을 만들어 먹을 정도의 크기로 자란다. 또 쪽파는 필요할 때마다 조금씩 수확해도 상관없다. 대개 종구를 심고 45~50일 정도 키우면 가장 맛있는 쪽파가 된다.

쪽파 밭

수확한 쪽파

수확한 파

병해충 방제 • 녹병 : 봄과 가을에 발생한다. 잎에 등황색의 작은 반점이 형성되고, 병반부에 다수의 등황색 가루 모양의 포자를 형성한다. 일단 병이 발생하면 약의 살포 효과가 나타나지 않으므로 예방약으로 다이센수화제, 지오판수화제를 뿌려주고 병든 잎이 보이면 조기에 제거하고 바이피단수화제나 누스타수화제를 혼용 살포한다.

• 파밤나방 : 갓 부화된 유충이 잎을 갉아 먹다가 잎 속으로 파고 들어가며 잎에 흰 막을 남긴다. 란네이트를 5~7일 간격으로 3회 처리해야 방제 가능하다.

수확 및 저장 • 생육 정도, 연백 상태 등을 보아 수확한다.

• 수확 방법 : 북주기 한 흙을 제거하고 한 포기씩 뽑아 잘

털고 마른 잎을 제
거한 다음 단으로
묶는다.

• 저장 : 2kg 정도의
작은 다발로 만들
어 밭 한쪽에 줄지
어 심는다. 흙을 잎
집부가 묻힐 정도로
덮어주고 잎은 짚으
로 덮어 추위로 인한 피해를 방지한다.

파 뿌리

1 재배 시기 : 봄 파종(4~11월), 가을 파종(9~6월)

2 북주기 : 포기에 흙을 북돋아 주면 연백부가 길어지므로 김매기를 겸
해 3~4회 북주기를 한다.

3 시장에서 판매하는 파도 심어 놓으면 무리 없이 잘 자란다. 화분에 심
어두고 관리하면 수시로 싱싱한 파를 즐길 수 있다.

파의 **영양소** ... 100g당 25kcal

수분	단백질	지질	당질	섬유소	회분	칼슘	인	철
90.3%	2g	0.2g	4.7g	1g	0.8g	96mg	24mg	1.1mg

나트륨	칼륨	비타민 A	베타카로틴	비타민 B₁	비타민 B₂	나이아신	비타민 C
2mg	226mg	106R.E	638μg	0.05mg	0.09mg	0.5mg	18mg

(자료: 농촌진흥청 식품성분표)

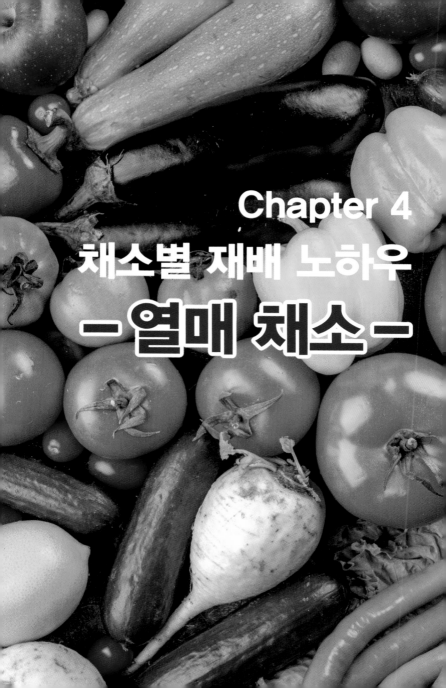

Chapter 4
채소별 재배 노하우
- 열매 채소 -

가지

- **분류** : 가지과(Solanaceae) · **형태** : 한해살이풀(열대지방에서는 여러해살이풀)
- **크기** : 60~100cm 정도 · **개화기** : 6~9월 · **원산지** : 인도

일반적인 재배력	1월	2월	3월	4월	5월	6월	7월	8월	9월	10월	11월	12월

● 씨뿌리기   ━━ 모종 기르기   ● 아주심기   ━━ 생육기   ━━ 수확

  가지는 동양은 물론 서양에서도 널리 사용하는 식재료로 리조또, 라자냐, 파스타 등 이탈리안 요리에 많이 활용되며, 스테이크 등에 곁들여 먹기도 한다. 우리나라에서는 주로 나물류나 찜, 김치 등에 활용된다. 품종에 따라 열매의 모양이 다른데 보통 구형, 난형, 중장형, 장형, 대장형의 5가지 형태로 나뉜다.

  가지의 보라색 껍질에는 안토시아닌계 색소인 히아신과 나스닌이 풍부하여 혈관의 노폐물 제거와 항암효과를 가지고 있다. 수분과 칼륨이 다량 함유되어 있어 이뇨 작용을 촉진하여 노폐물 배출에 도움을 준다.

품종 고르기

- 우리나라에서는 열매가 길고 진한 보라색을 띤 가지가 주로 재배되지만, 국가와 지역에 따라 품종에 대한 기호도가 다르다. 가지 품종은 비교적 단순하며 재래 가지가 여름철 고온에서도 강하다. 열매의 색은 보통 검정색에 가까운 보라이지만 황색이나 백색도 있다.
- 장가지 품종 : 우리나라에서 재배되며 흑자색으로 과육이 유연해 품질이 좋다.
- 쇠뿔가지 품종 : 재래 가지로 과실 껍질이 두껍고 내서성이 강하다.
- 그 외에 신흑산호, 가락장가지 같은 품종이 있다.

밭 만들기

- 토양 조건 : 토심이 깊고 물 빠짐이 좋은 충적토가 좋다. 토양 산도는 pH6.0 정도의 약산성 또는 중성이 적합하다.
- 이랑을 만들기 전에 퇴비와 밑거름 비료를 넣는다.
- 이랑 만들기 : 물 빠짐이 좋은 땅은 2줄 재배하고, 물 빠짐이 안 좋은 땅은 1줄 재배한다.

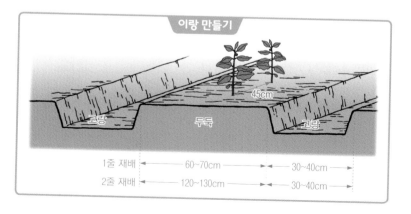

이랑 만들기

1줄 재배	60~70cm	30~40cm
2줄 재배	120~130cm	30~40cm

• 두둑에 비닐을 씌우면 지온이 높아져 활착이 빠르고 잡초 제거와 관수노력을 줄일 수 있다.

씨 뿌리기

• 가지 종자는 싹이 트는 데 비교적 많은 시간이 소요되므로, 소독된 종자를 미리 싹 틔워 파종하는 것이 좋다. 30°C 정도의 따뜻한 곳에 습한 상태로 두면 어린 싹이 보인다.
• 플러그 트레이, 비닐포트, 플라스틱 상자 등에 원예용 상토를 80~90% 정도 채운 뒤 싹이 튼 씨를 뿌리고 종자가 보이지 않을 정도로 상토를 덮어준 후, 물을 충분히 주고 신문지로 덮어주면 6~7일 후 발아하기 시작한다.
• 모종 기르기 : 가지 모종을 키우기 위해서는 약 2~3달의 기간이 소요되고, 경험과 세심한 관리가 필요하다. 모종 기르기가 여의치 않을 경우에는 구입하여 이용한다.

아주 심기

• 본잎이 7~8장 될 때까지 두 번 정도 옮겨 심어야 하고, 그 기간도 70~80일 걸리므로 튼튼한 모종을 구입하는 것이

가지 모종 심는 방법

❶ 본잎이 7~8장인 모종을 구입한다.

❷ 식물체는 옆으로 퍼지는 성질이 있으므로 포기 사이를 약간 넓게 한다.

❸ 모종 둘레 15cm 지점에 둥글게 원을 그려 도랑을 만들고 물을 준다.

가지 모종

가지 꽃

편하다.

• 모종 고르기 : 떡잎이 건강하고 줄기는 굵고 색이 짙으며, 꽃이 막 피기 시작하는 것이 아주심기에 적당한 모종이다.

• 모종삽으로 멀칭비닐에 구멍을 뚫어 구덩이를 판 다음, 미리 물을 주고 가지 모종을 심는다. 모종에 붙어 있는 상토는 최대한 떨어지지 않게 하고, 심을 때 너무 깊게 심겨지지 않도록(모종 흙이 약간 보일 정도) 흙을 덮고 물을 충분히 준다.

가지 관리 및 수확하기

❶ 일찍 지주를 세워야 한다.

❷ 첫 번째 꽃 바로 아래의 곁가지 2개를 남겨 키우고 나머지는 없애준다.

❸ 개화 후 20일 전후에 수확한다.

- 지주대 세우기 : 모종을 심은 다음 150cm 정도의 지주를 세우고 부드러운 비닐 끈으로 가지 줄기를 묶어 준다. 가지는 햇빛을 좋아하기 때문에 줄기를 넓게 벌려 햇빛을 잘 받도록 해준다.
- 잎 따기 : 가지는 기르면서 아래 잎을 따줘 바람이 잘 통하게 해 줘야 병에 걸리지 않고 튼실한 과실을 수확할 수 있다. 생리장해나 병든 잎, 늙은 잎은 일찍 따준다.

- 비가 내리지 않을 때는 보통 4~5일 간격으로 물을 준다.
- 비가 자주 내릴 때는 물이 잘 빠지도록 배수로를 깊게 만든다.
- 토양에 물이 너무 많으면 가지 뿌리가 썩고 병 발생도 많아진다.

가지는 바람에 쉽게 넘어지므로 일찍부터 지주를 세운다.

수확 시기의 가지

거름
주기
- 밑거름은 심기 일주일 전에 유기질 퇴비와 인산 비료로 준다.
- 질소와 칼륨 비료는 절반을 웃거름으로 시용한다. 웃거름은 심고 나서 20~25일 간격으로 한 포기당 10g 정도의 비료를 포기 사이에 흙을 파서 넣어준다.

거름 총량 (g/3.3m²)	요소	석회	퇴비	용성인비	염화칼륨
	200~300	800	3,000	160~250	140~170

병해충
방제
- 잿빛곰팡이병 : 열매를 부패시키며 줄기와 잎에도 생긴다. 환기를 자주해 과습하지 않도록 하고 이프로수화제, 포리옥신수화제, 프로파수화제를 살포한다.
- 응애 : 잎 뒷면에 기생하여 흡즙하는데 여름철 가뭄 시 심하게 나타난다. 밀베멕틴유제, 테부펜피라드유제 등을 번갈아 가며 일주일 간격으로 살포한다.

수확 및 저장 →
- 품종 및 온도에 따라 차이가 있지만 보통 개화 후 10~20일경에 수확한다.
- 너무 익으면 쓴맛이 생기고 품질이 떨어지므로 주의한다.

수확한 가지

성공 재배 노하우

1 재배 온도 : 낮 25~28°C, 밤 15~17°C

2 가지는 자랄 때 곁순을 제거해주면 열매가 더 달리고 크게 자란다.

3 첫 번째 꽃 바로 아래의 곁가지 2개를 키우고, 나머지 곁가지들은 가급적 일찍 없애준다. 3줄기 가꾸기가 일반적이나 빽빽하게 심은 경우에는 곁가지 하나만 더 키워 2줄 가꾸기를 해도 된다.

4 여름철의 건조기에는 진딧물이 발생하기 쉬우므로 방제에 주의한다. 특히 수확기에 접어들면서 발생하는 청고병은 주의 깊게 방제해야 한다.

5 주변의 잡초는 빨리 뽑아 없애고, 비료를 너무 많이 주지 않도록 하며, 밭에 물이 잘 빠지도록 관리한다.

가지의 영양소 ⎯⎯⎯⎯⎯⎯⎯⎯⎯⎯ 삶은 것 100g당 14kcal

수분	단백질	지질	당질	섬유소	회분	칼슘	인	철
93.3%	1.1g	0.1g	4.2g	0.6g	0.4g	13mg	34mg	0.3mg

나트륨	칼륨	비타민 A	베타카로틴	비타민 B₁	비타민 B₂	나이아신	비타민 C
1mg	240mg	3R.E	15μg	0.05mg	0.03mg	0.3mg	1mg

(자료: 농촌진흥청 식품성분표)

고추

- **분류 :** 가지과(Solanaceae)
- **형태 :** 한해살이풀(열대지방에서는 여러해살이풀)
- **크기 :** 60cm 정도
- **개화기 :** 6~8월
- **원산지 :** 아메리카 대륙의 열대지역

일반적인 재배력	1월	2월	3월	4월	5월	6월	7월	8월	9월	10월	11월	12월

● 씨뿌리기　　━ 모종 기르기　　● 아주심기　　━ 생육기　　━ 수확

　고추는 한국 음식에 없어서는 안 될 식재 중 하나이다. 매운맛과 단맛을 동시에 가지고 있어 다양한 요리에 향신 채소로 활용되고 있다. 일반 고추는 풋고추와 홍고추로 나뉘며, 이 외에 청양고추, 꽈리고추, 아삭이 고추 등 다양한 품종이 개량되어 유통되고 있다. 이러한 고추는 종류에 따라 매운 정도와 용도가 매우 다양하다.

　고추는 비타민 A의 전구체인 베타카로틴과 비타민 C가 풍부하게 들어 있는데 매운맛 성분인 '캡사이신'이 비타민 C의 산화를 막아 다른 채소류보다 영양소 손실이 적은 편이며, 항산화 기능, 피로 해소, 활력 보충 등에 효과가 있다.

- 고추는 다양한 품종이 있는데, 일반 건고추와 청양고추 등의 매운 고추, 녹광형 풋고추, 꽈리형 풋고추, 아삭이 등 할라페뇨형 풋고추가 있다.
- 우리나라 토종종자로 알려진 수비초 등의 품종은 매우면서도 달고 담백한 맛이 특징이다.

- 토양 조건 : 보수력이 있는 양토 또는 식양토가 좋다. 토양 산도는 pH6.0~6.5 정도의 약산성이 좋으며 pH5.0 이하에서는 역병 발생이 심하고 생육이 좋지 않다.
- 이랑 만들기 : 아주심기 2주 전에 밑거름(퇴비, 석회, 계분 등)을 넣은 다음 밭을 갈고 땅을 골라 두둑을 만들어준다. 두둑의 넓이는 70cm로 하여 1줄로 심거나, 100~120cm로 하여 2줄로 심는다. 두둑의 높이는 물이 잘 안 빠지는 곳은 20cm 이상으로 하여 장마 때 물에 잠기는 것을 막고, 배수가 잘되는 곳은 15cm 정도로 한다. 물이 잘 안 빠지는 곳은 두둑을 1줄로 만든다.
- 2줄 심기는 보통 포기 간 간격을 40cm 정도 되게 심는데

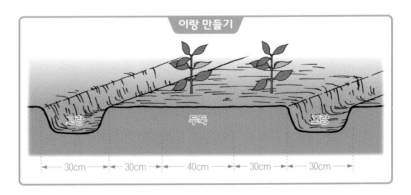

154

고추 모종   고추 꽃

25cm까지 촘촘하게 심을 수도 있다.

씨 뿌리기

- 씨를 뿌리기 전 씨를 거즈나 얇은 헝겊으로 싸서 30℃ 정도의 미지근한 물에 5~10시간 정도 담갔다가 28~30℃ 정도의 공기가 잘 통하는 그늘에 1~2일간 둔 뒤 싹을 1~2mm 틔워 뿌린다. 이때 틔운 싹을 5월 중·하순에 옮겨 심도록 한다.
- 지름 12cm 비닐포트나 육묘용 연결 포트에 씨를 뿌리면 잘 자란다.
- 적정 발아 온도 : 28~30℃ 정도로 맞추어 주는 것이 좋으며, 적어도 20℃ 이상은 되어야 한다.
- 포트에 뿌린 씨는 적당한 온도라면 5~6일 후에 싹이 튼다. 싹이 튼 후에는 위에 덮었던 신문지나 비닐 등은 즉시 걷어야 한다.
- 온도는 조금 낮아도 잘 자란다. 씨를 뿌리고 두 달 정도 지나면 옮겨 심는다.

아주 심기

- 아주심기 시기 : 늦서리가 끝난 다음에 하면 좋은데 대개 남부지방은 5월 상순, 중부지방은 5월 중순경에 바람이 없고 맑은 날이 좋다.

- 30~40cm 정도로 간격을 두어 심는다.
- 심기 전날 묘에 물을 충분히 주어 포트에서 빼낼 때 뿌리를 감싸고 있는 흙이 부서지지 않게 한다. 심기 전 비닐을 씌우고 모종삽으로 구멍을 파 물을 충분히 준 다음 심는다.

고추 모종을 밭에 아주심기한 모습

- 모종을 심은 후 다시 물을 주고 수분이 날아가지 않게 흙으로 덮어준다.
- 검은 비닐을 씌우면 지온이 높아져 활착이 빠르고 잡초를 억제하는 데 효과적이다.

재배 요령

- 지주대 세우기 : 비와 바람에 고추 모종이 쓰러지지 않도록 모종을 심은 뒤 120~150cm 길이의 지주대를 세워준다.
- 고추는 과습에 약하므로 물 관리를 잘해야 한다.
- 순지르기 : 첫 번째 꽃이 맺히며 갈라지는 가지인 방아다리 밑으로는 곁가

가지가 부러지기 쉬우므로 옮겨 심은 후 바로 지주를 세워준다.

지가 생기는데 전부 제거해주어야 고추 열매가 잘 자란다. 이때 잎을 훑지 않는 것이 뿌리가 튼튼히 자라는 데 도움

이 된다. 나중에 첫 번째 수확 주기 때 잎의 반을 훑어주고 나머지는 그다음 수확 때 제거한다.

10~13마디에서 첫 꽃이 피고 계속해서 꽃이 맺힌다. 영양 공급상 전부 고추로 크지는 않는다.

- 곁순과 고춧잎을 동시에 따주면 고추의 성장에 지장을 주게 된다. 고춧잎은 장마 직전에 따도록 한다.

거름 주기

- 수확할 무렵부터 15일 간격으로 1주당 20g의 복합비료와 깻묵을 뿌려준다.
- 고추는 생육 기간이 길어 재배 기간 중 웃거름을 주어야 하는데 관수 시 물에 녹여 공급하는 것이 가장 좋다.
- 아주심기 하고 한 달 후에 첫 번째 웃거름을 주고, 그 후 35~40일 후에 두 번째, 마지막 웃거름은 중부지역은 8월 중순경, 남부지역은 8월 하순경에 준다.

거름 총량 (g/3.3m²)	퇴비	계분	요소	용과린	염화칼륨	석회
	10,000	600	30~40	300	50	250

• 요소는 덧거름으로 25g씩 3회에 나누어주고 염화칼륨은 마지막 덧거름 시 50g 을 준다.

병해충 방제

- 장마가 끝난 후 햇빛이 나면 갑자기 고추 그루 전체가 시들어 죽는 일이 종종 일어난다. 이는 토양이나 빗물에 의해 곰팡이 병원균에 전염됐기 때문이다. 이를 방지하기 위해서는 고랑을 정비해 물빠짐을 좋게 하며, 이랑에도 짚이

고추를 햇볕에 말릴 때는 자주 뒤집어주어 변색을 막는다.

나 풀, 부직포 등을 깔아 흙탕물이 고춧잎에 튀는 것을 방지하고 연작을 금지하여야 한다.

- 질소 비료 중 붕소가 모자라면 생장점의 발육이 정지되고 과육 표피가 터지게 된다.
- 토양에 석회가 부족하거나 염류농도가 높은 경우, 질소나 칼륨 비료가 과다 시비된 경우에는 배꼽썩음병이 발생할 수 있으므로 유의한다.

성공 재배 노하우

1 싹트는 온도 : 28~30℃

2 잘 자라는 온도 : 25~30℃. 고추는 따뜻한 곳을 좋아하지만 30℃ 이상이나 13℃ 이하에서는 수정이 제대로 이루어지지 않아 기형과가 생길 우려가 있다.

3 고추는 생장에 햇빛의 영향을 크게 받지는 않으나 가능한 한 햇빛을 충분히 받는 게 좋다.

수확 및 저장

- 수확 적기 : 풋고추는 꽃이 피고 15일 정도, 홍고추는 45~50일 정도 지나면 수확할 수 있다.
- 과육이 맺고 시일이 지날수록, 자라는 온도가 높을수록 매운맛이 강해진다.
- 비를 맞으면 고추가 물러 떨어지므로 장마 전에 빨갛게 익은 고추는 모두 수확한다.

수확 시기의 고추

- 건조 : 건고추를 만들려면 고추 표면에 주름이 생긴 이후 수확한다. 홍고추를 말릴 때는 하루 정도 그늘에서 말린 후 햇볕에 말려야 희끗하게 변색되는 희나리 현상을 막을 수 있다.

홍고추의 영양소
...... 100g당 39kcal

수분	단백질	지질	당질	섬유소	회분	칼슘	인	철
84.6%	2.6g	1.7g	5.3g	5g	0.8g	16mg	56mg	0.9mg

나트륨	칼륨	비타민 A	베타카로틴	비타민 B_1	비타민 B_2	나이아신	비타민 C
12mg	284mg	1,078R.E	6,466μg	0.13mg	0.21mg	2.1mg	116mg

풋고추의 영양소
...... 100g당 19kcal

수분	단백질	지질	당질	섬유소	회분	칼슘	인	철
91.3%	1.6g	0.3g	3.6g	2.6g	0.6g	13mg	38mg	0.5mg

나트륨	칼륨	비타민 A	베타카로틴	비타민 B_1	비타민 B_2	나이아신	비타민 C
10mg	246mg	52R.E	312μg	0.10mg	0.05mg	1.1mg	72mg

(자료: 농촌진흥청 식품성분표)

오이

- **분류 :** 박과(Cucurbitaceae)
- **형태 :** 덩굴성 한해살이풀
- **크기 :** 1.5~2m 정도
- **개화기 :** 5~6월
- **원산지 :** 인도, 네팔 히말라야 부근

일반 적인 재배력		1월	2월	3월	4월	5월	6월	7월	8월	9월	10월	11월	12월
	노지 재배												
	노지 억제 (고랭지)												

● 씨뿌리기　━━ 모종 기르기　● 아주심기　━━ 생육기　━━ 수확

　우리가 먹는 오이의 품종은 크게 취청과 다다기로 구분된다. 취청 중에 가시가 도드라지게 있으면 가시오이, 없으면 청장오이라고 부르며, 다다기 중에서 흰색이 많으면 백다다기라고 한다. 일반적으로 취청 계열은 수분이 많고 생으로 먹으면 시원한 맛이 좋으며, 바로 먹을 수 있는 생채나 무침으로 이용한다. 식이섬유가 풍부해 소금에 절여도 물러지지 않고, 볶고 튀기는 요리에 알맞다. 다다기는 대중적으로 가장 많이 소비되는 품종으로, 단맛이 있고 향이 짙은 편이다. 부드러운 식감이 특징이며, 생채나 겉절이, 샐러드, 오이소박이용 등으

로 사용된다. 저장성이 뛰어나 오이지나 오이피클 등에도 많이 활용된다. 이 외에도 조선오이 계통의 노각이 있는데, 중량이 700g 이상될 때까지 키운 뒤 수확하는 오이로, 수분이 적고 조직이 부드러운 것이 특징이며 아삭한 식감이 도드라져 김치나 생채 무침, 장아찌 등으로 많이 활용된다.

오이는 풍부한 수분과 칼륨이 갈증 해소를 돕고 체내 노폐물을 배출한다. 비타민 C가 함유되어 있어 피부 건강과 피로 회복에 좋다.

품종 고르기

- 백다다기 : 경기도를 비롯한 중부지방에서 주로 재배하고 있는 반백계 품종으로서 취청오이보다는 저온에 견디는 성질은 약하지만, 고온에는 비교적 강한 편이어서 봄이나 가을 재배에 적합하다. 과실의 어깨 부위는 녹색이지만, 중간부터 흰색 내지 옅은 녹색을 띠는 반백색이고 과실의 길이는 20~23cm이다.
- 취청오이 : 남부지방에서 주로 겨울철에 재배하는 청장계 또는 낙합계 오이로서 과색은 청록색이고 흑침이며, 과실의 길이는 25~30cm이다. 생식용으로 적합하다.

백다다기

가시오이

취청오이

- 가시오이 : 주로 경남지방에서 한여름에 재배하는 흑진주계, 사엽계나 삼척계 오이로서 과실의 표면에 주름이 심하고 길이가 30~35cm로 긴 것이 특징이다.

밭 만들기

- 토양 조건 : 유기물이 풍부하고 물 빠짐이 좋은 식양토가 적합하다.
- 비교적 약한 빛에서도 잘 자라지만 일조가 너무 부족하면 기형과의 발생이 증가할 수 있다. 뿌리가 얕게 분포하므로 유기물을 충분히 시용하는 것이 좋다.
- 모종을 심기 2주 전에 퇴비와 밑거름을 주고 밭을 잘 갈아 놓는다. 밑거름은 3.3m²당 퇴비 8kg, 석회 300g, 복합비료 300g 정도가 적당하다.
- 이랑 만들기 : 이랑의 넓이는 60~80cm로 하여 한 줄로 심거나 120cm로 하여 2줄로 심는다. 이랑의 높이는 물이 잘 안 빠지는 곳은 20cm 이상으로 하여 장마 때 물에 잠기는 것을 막고, 배수가 잘되는 곳은 15cm 정도로 한다. 물이 잘 안 빠지는 곳은 이랑을 1줄로 만든다.
- 두둑의 중앙을 높게 하여 물 빠짐이 좋도록 만들고 가급적이면 두둑을 높게 하여 습해를 예방하고 통기성을 좋게

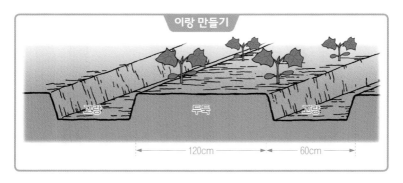

이랑 만들기

고랑　　두둑　　고랑

120cm　　60cm

한다.

• 두둑에 비닐을 피복하면 지온이 높아져서 활착이 빠르고 잡초제거 노력과 관수노력을 절감할 수 있다.

생장점
본잎
어미덩굴
잎겨드랑이
잎자루
떡잎
원뿌리
곁뿌리

20~30cm

오이 모종의 구조

씨 뿌리기

• 오이 종자는 가급적 채종한 지 오래되지 않은 것을 이용하는 것이 좋다. 시판 종자의 사용 기간은 대부분 채종 후 2년 정도이며, 종자 소요량은 아주심기 예정 주수의 1.5배를 파종한다.

• 육묘를 위한 파종 시기는 재배 유형에 따라 다르지만 대개 아주심기 한 날을 역산해서 저온기 육묘는 35~40일, 고온기 육

덩굴손
아들덩굴
본잎
암꽃

오이의 잎겨드랑이

묘는 25일 내외가 좋다. 모종을 기를 때는 32공이나 50공 플러그 트레이를 이용한다.

• 시중에서 파는 모종은 대부분 호박뿌리로 접목을 한 것이기 때문에 병에도 강하고 잘 자란다.

- 아주심기 시기 : 직접 파종하지 않고 모종 상태로 옮겨 심을 경우에는 늦서리의 우려가 완전히 없어지는 때인 5월 상순에서 중순 사이에 옮겨 심는다. 늦서리가 끝난 다음에 곧 하면 좋은데 대개 남부지방은 5월 상순, 중부지방은 5월 중순경에 바람이 없고 맑게 갠 날이 좋다.
- 아주심기 전날 묘에 물을 충분히 주어 포트에서 빼낼 때 뿌리를 감싸고 있는 흙이 부서지지 않도록 한다.
- 아주심기 방법 : 40~50cm 간격을 두어 심은 후 모종에서 15cm 떨어진 둘레에 둥글게 원을 그려 도랑을 만들고 충분히 물을 준다. 물을 준 후에는 반드시 흙으로 덮어줘야 한다.
- 오이의 뿌리는 재생력이 약하여 옮겨 심을 때 튼튼한 모종을 사용한다.

물관리

- 물주기는 소량 다회를 원칙으로 하고, 저온기에는 5~7일 간격, 고온기에는 2~3일 간격으로 준다.
- 물을 많이 필요로 하면서도 뿌리는 물이 차면 좋지 않으므

오이 모종 아주심기

이랑면보다 약간 위로
올라오도록 심는다.

오이 꽃   오이 착과

로 보수성이 좋으면서 배수도 잘되는 토양이 좋다.

거름주기

• 오이는 생육이 빨라 양분의 흡수량도 많으므로 비료가 부족하지 않도록 웃거름을 주는 것이 중요하다.

• 웃거름은 아주심기 한 후 1개월 정도 후, 첫 번째 암꽃의 과실이 비대하는 시기에 1차 웃거름을 주고 5일 간격으로 1번씩 꾸준히 준다.

거름 총량 (g/3.3m²)	요소	용과린	염화칼륨	퇴비	석회
	173	197	123	10,000	670

재배요령

• 순지르기 : 청장계와 다다기 품종은 어미덩굴을 기르고 아들덩굴은 2~3마디에서 순을 지른다. 흑진주나 삼척계는 어미덩굴의 20~25마디에서 순을 지르고, 주로 아들덩굴을 키워 수확한다. 줄기 아랫부분의 늙은 잎부터 따주고, 과실 1개를 수확하면 1~2개의 잎을 제거한다.

• 오이 뿌리는 산소를 좋아하기 때문에 퇴비를 많이 넣은 후 깊게 갈아 토양 속에서 공기가 잘 통하게 하는 것이 매우 중요하다.

- 햇볕을 좋아하는 작물이기 때문에 일조량이 부족하면 생육이 나빠진다.

- 노균병 : 잎의 앞면에 옅은 황색 반점이 생기다가 점점 커진다. 환기를 철저히 하고, 지속적으로 웃거름을 주며, 노균병 등록약제를 사용한다.
- 흰가루병 : 잎에 작은 흰색가루가 점점이 형성되면서 번진다. 질소 비료의 과용을 피하고, 흰가루병 등록약제를 사용한다.
- 응애 : 잎 뒷면에 기생하며 흡즙하는데 여름철 가뭄 시 심하게 나타나며 응애약으로 방제 가능하다.
- 아메리카잎굴파리 : 애벌레가 잎 조직 내에서 구불구불하게 굴을 파기 때문에 잎에 흰색의 줄무늬가 형성된다. 아메리카잎굴파리 등록약제를 살포한다.

- 수확 적기 : 과실이 100g 정도, 즉 20cm 이상의 크기로 자라면 수확한다. 보통 꽃이 핀 후 20일 내외면 수확할 수

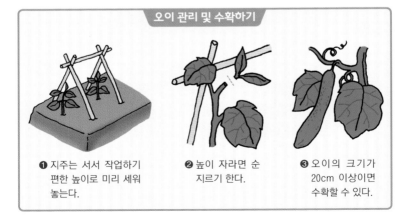

오이 관리 및 수확하기

❶ 지주는 서서 작업하기 편한 높이로 미리 세워 놓는다.

❷ 높이 자라면 순지르기 한다.

❸ 오이의 크기가 20cm 이상이면 수확할 수 있다.

있으며, 생육이 왕성할 때는 12~13일 정도면 수확할 수 있다.

- 생장이 빨라 초여름에는 파종 후 45일이면 수확할 수 있다. 수확은 오전 중에 하는 것이 신선도를 오래 유지할 수 있다.

수확 적기의 오이

성공 재배 노하우

1 싹트는 온도 : 22~25℃

2 잘 자라는 온도 : 20~22℃

3 오이는 생육이 빨라 양분의 흡수량도 많으므로 비료가 부족하지 않게 웃거름을 줘야 한다. 초장이 70~80cm로 자란 때부터 15일 간격으로 식물체 1주당 비료 20g을 뿌려 준다.

4 강한 햇빛을 좋아하는 작물이라 일조량이 약하면 생육이 현저하게 나빠지고 기형과의 발생이 증가한다.

5 가정에서는 5~6월에 모종을 구입하여 옮겨 심는 것이 편리하다.

오이의 영양소

... 100g당 12kcal

수분	단백질	지질	당질	섬유소	회분	칼슘	인	철
95.5%	0.9g	0.1g	2.4g	0.5g	0.6g	24mg	19mg	0.2mg

나트륨	칼륨	비타민 A	베타카로틴	비타민 B$_1$	비타민 B$_2$	나이아신	비타민 C
6mg	140mg	21R.E	125μg	0.05mg	0.04mg	0.2mg	11mg

(자료: 농촌진흥청 식품성분표)

옥수수

- **분류** : 벼과(Gramineae)   - **형태** : 한해살이풀   - **크기** : 1~3m 정도
- **개화기** : 5~6월   - **원산지** : 남아메리카 북부 안데스산맥, 멕시코

일반적인 재배력		1월	2월	3월	4월	5월	6월	7월	8월	9월	10월	11월	12월
	봄				●	─	─	■					
	가을						●	─	─	■			

● 씨뿌리기   ● 아주심기   ━ 생육기   ▬ 수확

옥수수는 밀, 벼와 함께 세계 3대 식량 작물 중 하나이며, 우리나라에는 16~17세기 무렵에 들어왔다. 적은 일손으로 많은 양의 작물 수확이 가능하여 '순금의 열매'라고 불렀다고 한다. 오늘날에는 전 세계적으로 널리 재배되고 있으며 우리나라에서는 주로 강원도 산간지대에서 재배되고 있다.

국내에서 재배 유통되는 옥수수는 크게 찰옥수수, 단옥수수, 초당옥수수, 튀김옥수수 등으로 분류할 수 있다. 찰옥수수는 알맹이가 유백색을 띠고 반투명하며, 대부분 쪄 먹는 용도로 이용된다. 단옥수수류는 일반적으로 단옥수수와 초당옥수수로 나뉘는데, 초당옥수수는 단옥수수보다 알맹이가 작고 납작하며, 다량의 당분과 수분을 함유하고 있어 건조하면 단옥수수보다 더 쭈글쭈글해진다. 단옥수수류는 당분 함량이 높을 뿐만 아니라 섬유질이 적어 간식용으로 삶아 먹거나 과일처럼 생으로 먹기도 하고 통조림 등 가공식품으로 이용된다. 튀김옥수수는 알을 가열하면 중앙부에 위치한 수분이 팽창하면서 원래 부피의 30배 정도로 잘 튀겨지는 특성이 있어 간식용으로 많이 이용된다.

옥수수는 비타민 B_1, B_2, E와 칼륨, 철분 등의 무기질도 풍부하고 옥수수의 씨눈에는 필수 지방산인 리놀레산이 풍부해 콜레스테롤을 낮춰주고 동맥경화 예방에 도움을 준다.

품종 고르기
- 텃밭용으로는 세계적으로 쓰이는 단옥수수와 함께 우리나라에서 주요 식용 풋옥수수로 사용되는 찰옥수수 품종을 많이 재배한다.
- 대학찰 : 원래 품종명이 '연농1호'이나 충남대학교에서 육종하고 보급했다고 해서 '대학찰'이란 이름이 붙여졌다. 옥수수 껍질이 얇으며 찰기가 높고 식미가 우수하다.
- 미백2호 : 당도가 높고 입에 씹히는 느낌이 좋으며, 재배 시에도 쓰러짐에 매우 강하여 농가와 소비자 모두가 선호한다.
- 일미찰 : 맛이 뛰어날 뿐만 아니라 이삭이 크고 이삭의 끝 달림이 좋아 상품성이 우수하고 줄기가 강해 돌풍에 의한 넘어짐이 적다.

밭 만들기
- 토양 조건 : 옥수수는 따뜻한 기후와 양분, 수분이 풍부한 흙을 좋아한다. 부식이 많고 배수가 잘 되는 토양이 적합

옥수수 모종   옥수수 꽃

하지만 토양 산도 적응성이 높아 산성에서도 잘 자란다.

- 이랑 만들기 : 옥수수 시비량은 3.3m²당 요소 133g, 용과 인 50g, 염화칼륨 33g을 준다. 이때 요소 비료는 밑거름으 로 66g을 주고 나머지는 옥수수 잎이 8매가량 나왔을 때 포기 사이에 준다. 밑거름을 밭 전면에 고루 살포하고 경 운과 로터리 작업을 실시하여 폭 60cm 이랑을 만든다.

씨 뿌리기

- 옥수수 씨앗을 본밭에 바로 뿌리면 조류의 먹이가 되어 옥 수수 농사를 실패하기 쉽다. 그래서 직경 6cm 넘는 포트

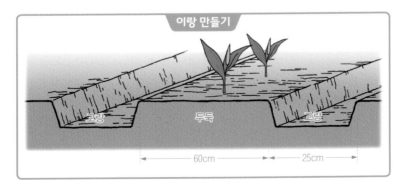

이랑 만들기

고랑   두둑   고랑

|←———— 60cm ————→|←—— 25cm ——→|

에 모종을 길러서 옮겨 심는 것이 좋다.

- 모종 기르기 : 4월 중순에 씨를 뿌려 15일가량 모종을 길러 5월 초순에 옮겨 심는 것이 좋다. 가을 재배에서도 모종을 기르는 기간이 2주를 넘어서는 안 된다.

- 옥수수는 밀식하면 줄기가 약하고 쓰러지기 쉬우며 이삭이 작아진다.

재배 요령 →

- 솎아주기 : 10~15cm 정도 자라면 한 포기만 남기고 솎아준다. 50cm 정도 자라면 곁눈이 생기는데 곁눈은 되도록 제거하는 것이 좋다.

- 북주기와 김매기 : 70cm 정도 자라면 넘어지지 않도록 흙으로 북돋아주고 잡초도 제거해준다.

- 보통 아래쪽에 생기는 첫 번째와 두 번째 작은 이삭은 따서 샐러드로 이용하고, 가장 큰 이삭을 남겨 수정되게 한다.

- 옥수수는 자가수분 되기 쉬운 작물이지만 다른 포기의 꽃가루를 받는 것이 결실이 잘 된다. 두 줄 정도 심으면 꽃가

옥수수 관리 및 솎아주기

❶ 한 곳에 2알씩 25~30cm 간격으로 점 뿌림한 후 3~4cm 두께로 흙을 덮는다. 두 줄로 심어야 꽃가루가 잘 붙어 열매를 잘 맺는다.

❷ 키가 10~15cm 정도 자라면 한 포기만 남기고 솎아준다. 손으로 뽑으면 뿌리가 상할 수 있으므로 가위로 자른다.

루가 옆으로 퍼지기 쉬워서 타가수분이 일어나 결실을 잘 맺는다. 몇 포기 심지 않았거나 장마철인 경우에는 인공수분을 시켜주는 것이 좋다.

- 일반적으로 곁가지를 제거할 필요는 없으나, 대학찰옥수수와 같이 곁가지가 많은 품종은 제거할 수도 있으며 무릎 정도 자랐을 때 1~2회 없애주면 된다. 단, 곁가지를 너무 늦게 제거하면 잘 쓰러지고 상처를 입어 정상적인 이삭 수가 감소하므로 일찍 제거해야 한다.

물관리
- 생육 초기 물이 부족하면 수량에 큰 영향을 미치므로 땅이 건조하지 않도록 물을 준다.
- 수염이 나고 이삭이 발달할 때는 물이 충분해야 품질과 수량이 좋아진다.

거름 주기
- 질소 비료는 2/3를 밑거름으로 주고($3.3m^2$당 요소 60g), 나머지(요소 30~40g)는 잎이 6~7장 자랐을 때 웃거름으로 준다.

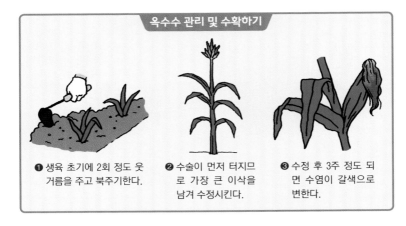

옥수수 관리 및 수확하기

❶ 생육 초기에 2회 정도 웃거름을 주고 북주기한다.

❷ 수술이 먼저 터지므로 가장 큰 이삭을 남겨 수정시킨다.

❸ 수정 후 3주 정도 되면 수염이 갈색으로 변한다.

• 질소를 3.3m²당 50g(요소는 100g) 이상 주면 바람에 쓰러
지기 쉬워 수량이 감소하고, 17g(요소는 35g) 정도로 줄이
면 30% 이상의 수량이 감소하고 품질도 떨어진다.

거름 총량 (g/3.3m²)	요소	용과린	염화칼륨	퇴비	석회
	90~100	200~230	70	5,000	800~850

• 밑거름으로 복합비료를 주어도 상관없다.

병해충 방제

• 검은줄오갈병 : 잎 뒷면에 줄이 나타나고 키가 크지 않는
피해를 주므로, 병 걸린 포기를 제거해준다.

• 멸강충 · 조명나방 : 줄기와 이삭에 피해를 주므로 살충제
를 살포해 제거한다.

수확 및 저장

• 수확 적기 : 옥수수 알이 단단해지기 전에 수확한다. 수염
의 상태를 보고 수확 시기를 판단할 수 있는데, 대개 수염
이 나타나고 3주일쯤 지난 무렵으로 수염이 마르면서 갈

색으로 변하는 직후다. 이때 껍질을 까서 손톱으로 눌러보면 자국이 약간 생긴다.

- 수확 후 5시간 정도 지나면 당분이 감소하기 시작해 24시간이 지나면 반으로 줄어들기 때문에 수확 후 바로 쪄 먹는 것이 가장 맛있다.

수염이 마르면서 갈색으로 변하는 직후 수확한다.

1 재배 시기 : 봄 재배(4~7월), 가을 재배(7~9월)

2 육묘 : 봄철에는 조류 피해가 크므로 육묘하여 옮겨심기 재배한다.

3 거름주기 : 본밭 밑거름은 아주심기 1주 전에 주며 웃거름은 잎이 8매 가량 나왔을 때 준다.

4 잘 자라는 토양 : 땅을 가리지 않고 잘 자라지만 유기질이 풍부한 토양에서 재배하면 수량이 많고 품질도 좋은 옥수수를 재배할 수 있다.

옥수수의 영양소

... 100g당 106kcal

수분	단백질	지질	당질	섬유소	회분	칼슘	인	철
71.5%	3.8g	0.5g	22.1g	0.7g	0.8g	21mg	106mg	1.8mg

나트륨	칼륨	비타민 A	베타카로틴	비타민 B₁	비타민 B₂	나이아신	비타민 C
1mg	314mg	26R.E	156µg	0.23mg	0.14mg	2.2mg	–

(자료: 농촌진흥청 식품성분표)

174

- **분류** : 박과(Cucurbitaceae)   • **형태** : 덩굴성 한해살이풀
- **크기** : 덩굴성 식물로 옆으로 뻗어감   • **개화기** : 6~7월
- **원산지** : 아프리카, 인도, 중국

일반적인 재배력	1월	2월	3월	4월	5월	6월	7월	8월	9월	10월	11월	12월

● 씨뿌리기   ━ 모종 기르기   ● 아주심기   ━ 생육기   ━ 수확

  참외는 대표적인 여름 과일로 독특한 향과 시원한 맛으로 수분 함량이 90%나 된다. 우리나라는 삼국시대부터 가꾸어 온 것으로 알려져 있다. 동양계 참외의 주요 품종은 외양이 노랗고 줄이 있는 은천참외, 줄이 없이 매끄러운 황진주단참외, 충청남도 성환에서 가꾸어 온 재래종인 성환참외가 있다. 성환참외는 과피가 녹색바탕에 개구리무늬같이 얼룩져 있어 일명 개구리참외라고도 한다. 서양계 참외는 멜론(melon)이라 부르는데 주로 재배되는 것은 과피가 회녹색인 프린스멜론, 네트(網)가 생기는 코색·머스크멜론 등이다.

참외는 땀이 많이 나는 여름철 갈증해소 및 피로회복에 좋은 과일이며, 알칼리성 식품으로 땀 배출이 많아 자칫 산성이 되기 쉬운 몸의 균형을 잡아준다. 다른 과일에 비해 영양성분은 적으나 칼륨과 비타민 C는 함량이 높고 이뇨작용의 도움을 준다.

품종 고르기

- 참외는 개구리참외 등의 지방재래종부터 최근의 개량종까지 많은 품종이 있으나 크게 분류하면 노지 재배용인 은천 계통과 시설 재배용으로 육성된 신은천 계통, 신은천 이후에 육성된 단성화로서 당도가 높은 금싸라기은천참외 계통과 특성이 신은천과 금싸라기은천의 중간형이라고 볼 수 있는, 즉 양성화이면서 배꼽이 작은 황태자참외와 같은 계통 등으로 나눌 수 있다.
- 이 밖에 최근에 개발된 백금참외, 백참외 등이 있다.

밭 만들기

- 토양 조건 : 유기물이 풍부하고 물 빠짐이 좋은 식양토가 좋다. 뿌리가 얕게 분포하므로 유기물을 충분히 시용해야 한다.

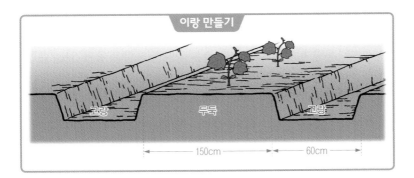

이랑 만들기

고랑　　　두둑　　　고랑

150cm　　　60cm

개구리참외

참외 꽃

- 이랑을 만들기 전에 퇴비와 비료를 미리 넣는다.
- 아주심기 전에 모종을 심을 구덩이를 파고 미리 물을 흠뻑 주면 초기 생육이 좋아진다.
- 두둑에 비닐을 씌우면 지온이 높아져 활착이 빠르고 잡초 가 생기는 것을 방지할 수 있다.

씨 뿌리기

- 모종을 길러 옮겨 심는 것이 좋으며 모종을 기르기 어려운 경우에는 본잎이 5매 정도 되는 모종을 구입하여 심는다.
- 씨앗은 종이컵 크기 정도의 포트에 1~2립씩 심는다.
- 발아 후에는 포트당 한 주만 자라도록 솎아주며 낮 기온 25℃ 내외, 야간 최저기온은 15~18℃, 최저 지온은 15~17℃가 되도록 관리한다.
- 본잎이 5매 정도 되도록 키우며 밭에 심기 전에 생장점을 잘라주고 얕게 심어 물을 충분히 준다.

아주 심기

- 밑거름이 너무 많을 때, 특히 질소질이 많으면 생육 초기 의 영양 과다로 초세가 무성해져 착과가 잘 안 될 수 있다.

식물체가 옆으로 퍼지는 성질이 있으므로 포기 사이 간격은 약간 넓게 심는다.

최근에 많이 개발된 완효성 복합비료는 필요한 전량을 밑
거름으로 줘도 비료 성분이 서서히 녹아 나오므로 효과적
이다.

• 아주심기 시기 : 모종은 5월 상순에서 중순 사이, 지온이
16~17℃가량 될 때 옮겨 심는 것이 좋다.

• 아주심기 방법 : 식물체가 옆으로 퍼지는 성질이 있으므
로 포기 사이 간격은 약간 넓게 심는다. 모종 흙 높이가 지
면보다 다소 높거나 같은 깊이로 심는다. 모종과 땅의 흙
사이를 잘 채워 모종이 마르는 것을 방지하되, 모종을 눌
러 심어서는 안 된다. 옮겨 심은 후에는 사방으로 15cm
떨어진 곳에 둥글게 원을 그려 도랑을 만들고 충분히 물을
준다.

줄기 유인하기

• 손자덩굴에 착과시키기 위해서는 다음과 같이 가지를 정
리하여 줄기를 유인해주어야 한다.

• 먼저 떡잎은 세지 말고 본잎이 4~5장 이상 보일 때 어미
덩굴 끝을 잘라준다.

- 어미덩굴 각 마디에서 아들덩굴이 나오게 되는데 그 중 실한 2~3개를 남기고 없애준다. 또 양쪽의 아들덩굴에서 나오는 손자덩굴 중 처음 4~5마디의 것을 가급적 빨리 없애고 그다음 마디부터 나오는 손자덩굴을 주시해야 한다.
- 대개 첫 마디에서 암꽃이 피며 반드시 착과시켜야 한다. 아들덩굴 하나당 3~4개의 손자덩굴에서 착과시키는 것이 이상적이다.
- 그 후에 나오는 곁가지들도 역시 없애주어야 착과된 과실이 빨리 큰다. 그리고 아들덩굴을 15~18마디에서 끝을 잘라주면 좋다. 잎이 너무 많으면 참외의 크기나 수가 줄어들기 때문이다.

거름 주기
- 인산, 퇴비, 고토석회는 이랑을 만들기 전에 전량 넣는다.
- 질소와 칼륨 비료는 전체 소요량의 1/2에서 2/3를 이랑을 만들기 전에 넣고 나머지는 아주심기 후 몇 차례 나누어서 준다. 한 번 줄 때 3.3m²당 질소 10g(요소 비료는 20g), 칼

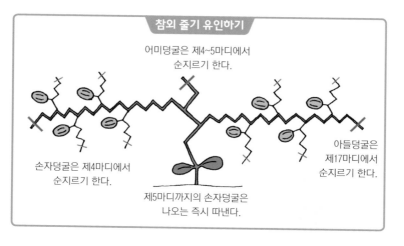

참외 줄기 유인하기

어미덩굴은 제4~5마디에서
순지르기 한다.

아들덩굴은
제17마디에서
순지르기 한다.

손자덩굴은 제4마디에서
순지르기 한다.

제5마디까지의 손자덩굴은
나오는 즉시 따낸다.

수확한 참외

류 7g을 초과하지 않아야 한다.

거름 총량 (g/3.3m²)	요소	용과린	염화칼륨	퇴비	고토석회
	180	130	83	10,000~17,000	22~333

• 밑거름으로 복합비료를 주어도 상관없다.

병해충 방제

• 이상발효과 : 주요 생리장해로 외관상 특별한 증상은 없으나 과실을 절단해 보면 태좌부와 그 인접된 과육이 수침상으로 갈변되어 있거나 알코올 냄새가 나거나 태좌부에 물이 차 있는 것을 말한다. 발생원인은 질소질 성분이 과다하여 덩굴이 무성해지고 칼슘의 흡수가 억제되거나 건조나 과습에 의하여 발생한다. 질소와 칼륨의 시비량이 많지 않도록 하여 칼슘의 흡수가 잘 되도록 하고 물관리에 주의한다.

• 진딧물 : 아주심기 후 발생 초기에 방제하는 것이 좋으며 새로 나온 잎의 뒷면에 모여 기생하면 잎이 오그라들고 말리기 때문에 약액이 진딧물 몸에 묻도록 살포한다.

<table>
<tr><td>수확 및
저장</td><td>

• 수확 적기 : 과실이 열린 후 23~25일경에 수확이 가능하다.

• 과실 색깔이 짙은 황색을 띠고 골이 깊으며 과형이 짧은 원통형으로 당도가 높고 육질이 아삭아삭한 것이 가장 이상적인 과실이다.

• 과실의 크기는 400~500g 정도가 가장 보기 좋다.
</td></tr>
</table>

성공 재배 노하우

1 재배 온도 : 20~30℃

2 물주기와 비료 요구도는 중간 정도이다.

3 햇빛이 잘 드는 곳에서 키워야 하며 밑거름보다는 웃거름을 적당히 주어 비료가 부족하지 않도록 해야 한다.

4 착과는 반드시 손자덩굴에 맺도록 일찍이 주지의 순을 잘라주고 아들 덩굴에서도 4~5마디에서 나오는 곁가지(손자덩굴)를 제거하여 다음 손자덩굴의 암꽃을 잘 키워야 한다.

5 질소 비료를 너무 많이 주면 참외의 속이 곯는 이상발효과가 생길 수 있으므로 주의한다.

6 과실이 다 커서 익기 시작하면 가급적 물과 비료가 흡수되지 않아야 당도가 높아진다.

참외의 영양소

.... 100g당 31kcal

수분	단백질	지질	당질	섬유소	회분	칼슘	인	철
90.6%	1g	0.1g	7.3g	0.4g	0.6g	6mg	35mg	0.3mg

나트륨	칼륨	비타민 A	베타카로틴	비타민 B_1	비타민 B_2	나이아신	비타민 C
7mg	221mg	–	–	0.03mg	0.01mg	1mg	22mg

(자료: 농촌진흥청 식품성분표)

콩

- **분류** : 콩과(Leguminosae) **형태** : 한해살이풀
- **크기** : 60cm 정도 **개화기** : 7~8월 **원산지** : 동북아시아

일반적인 재배력	1월	2월	3월	4월	5월	6월	7월	8월	9월	10월	11월	12월

● 씨뿌리기 ━━ 생육기 ━━ 수확

　콩은 '밭의 고기'라고 불리며 쌀에 부족한 식물성 단백질과 지방의 공급원으로 우리 민족의 식생활에서 중요한 역할을 해왔다. 대부분의 학자들이 콩의 발상지를 동북아시아 지역으로 보고 있으며, 한국과 중국 만주지역에서 삼국시대 초기부터 재배되었다는 기록이 있다. 과거에는 아시아 지역의 생산량이 많았으나, 현재는 미국, 브라질, 아르헨티나 등지에서도 많이 재배되고 있으며 특히 전 세계 대두의 50% 이상이 미국에서 생산되고 있다.

　콩은 우리가 매일 접하는 간장이나 된장의 원료로 이용되고, 두부, 콩나물과 같은 필수 식품의 원천이다. 육류와 비교해도 뒤지지 않는 양질의 단백질이 많고, 이소플라본 성분이 칼슘 흡수를 도와 골다공증 예방에 도움을 주며 사포닌 성분이 항산화 작용을 한다.

• 콩과(科) 식물은 종자 내 단백질의 함량이 높고, 꽃의 구조 상 주로 자가수분을 하므로 대부분의 품종이 고정종이라 는 공통적인 특성을 가진다.

• 풋콩 : 당 함량이 높고 단맛이 나며, 꼬투리가 달리는 밀 도가 높다. 수확기의 꼬투리 색깔이 선녹색인 품종이 다.(화성풋콩, 검정새올콩, 큰올콩 등)

• 밥밑콩 : 밥밑용은 검정콩을 비롯한 색깔이 있는 유색 콩 이 이용되는데, 콩이 큰 대립종과 익혔을 때 부드러우며 당도가 높은 품종이 이에 속한다.[경기도농업기술원 육성(청 자콩 3호, 청풍콩)]

• 장류콩 : 콩알이 굵고 껍질색과 배꼽색이 황색 또는 담갈 색으로 빛깔이 좋으며 발효 특성이 우수한 품종이다.[경기 도농업기술원 육성(연풍콩, 강풍콩, 대원콩)]

• 콩은 토질에 대한 적응 폭이 넓지만, 습기에 약하므로 수 분이 많은 밭일 경우 이랑의 높이를 10~30cm로 만든다.

• 풋콩은 보수력이 있는 토양에서 좋은 콩을 수확할 수 있으

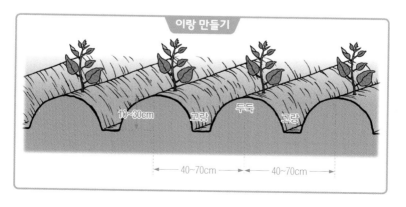

이랑 만들기

콩 꼬투리　　　　　　　　　　　　　　콩 모종

므로 건조하기 쉽고 척박한 땅은 밑거름으로 완숙퇴비를
준다.

씨
뿌리기

- 콩은 늦서리를 피하여 평균 온도 15℃ 이상일 때 심는 것
  이 좋으므로 5월 중하순 경이 파종 적기이다.
- 이랑 폭을 70cm 정도로 하고 퇴비를 넣은 후 흙을 덮어준
  뒤 그 위에 포기 사이를 15~20cm 간격으로 한곳에 2~3개
  씩의 콩을 파종한다. 심는 깊이는 3cm 정도로 한다.
- 솎아주기 : 첫 번째 본잎이 펼쳐지기 전에 세 개 중 세력
  이 좋은 것 두 개만 남기고 솎아준다. 풋콩의 경우는 이랑
  폭 40cm, 포기 사이 15cm로 하여 같은 방법으로 한다. 필
  요한 종자량은 $10m^2$당 60~70g이다.
- 모종 기르기 : 파종기에 조류에 의한 피해가 많은 곳은 콩
  도 모종을 길러 본밭에 내다 심는다. 모종을 기르는 기간
  은 2~3주 정도이다.

재배
요령

- 순지르기 : 본잎 5~7매 시 생장점을 제거해 주는데 곁가
  지 발생을 촉진하여 수량을 높이고 뿌리가 굵어져서 쓰러

짐을 방지한다.

- 메주콩은 굳이 순지르기를 안 해도 되나, 검정콩은 보통 순지르기를 해서 재배한다.
- 콩은 모래참흙이나 참흙에서 잘 자라며 뿌리가 다습한 땅에서는 적응하지 못하는 경향이 있다.
- 거름 중 석회와 칼륨 성분 요구도가 높은 편이다.
- 김매기와 북주기 작업은 꽃 피기 이전에 마치는 것이 좋다. 북주기를 하면 물 빠짐이 좋아지고, 새 뿌리가 많이 생겨 콩 줄기가 쓰러지는 것을 막을 수 있다.

거름 주기
- 콩 전용 복합비료(8-8-9)로 10m²당 보통 밭은 400g, 개간한 밭은 600g을 밭을 갈기 전에 밭 전체에 골고루 뿌려 준다.

콩밭

수확한 콩

수확 후 며칠 더 말려서 보관한다.

- 콩은 산성 토양에 약하고 석회 흡수량이 많으므로 반드시 3년에 한 번은 석회를 주어야 한다. 보통 10m²당 석회는 2kg, 퇴비는 10~15kg 정도 주면 된다.

거름 총량 (g/3.3m²)	콩 전용 복합비료(8-8-9)	퇴비	고토석회
	130~200	3,300~5,000	300~670

병해충 방제

- 탄저병 : 생육 후기에 그늘진 아랫부분의 줄기, 꼬투리 및 잎자루 등에 갈색의 병징을 보이는데 밀식을 피하고 포장의 통풍을 좋게 해야 하며, 발병한 식물체는 반드시 태워 없앤다.
- 진딧물 : 잎의 뒷면에 붙어서 즙액을 빨아먹는데, 콩 모자

성공 재배 노하우

1 재배 시기 : 풋콩(5~8월), 보통 재배(5~10월)

2 잘 자라는 온도 : 20~25℃

3 콩은 산성 토양에 약하고 석회 흡수량이 많으므로 3년에 한 번은 반드시 석회를 주어야 한다. 보통 10m²당 석회는 2kg, 퇴비는 10~15kg 정도 주면 된다.

풋콩

일반콩

이크병을 옮겨 피해를 주므로 피리모수화제 등의 진딧물
약을 뿌려 예방한다.

수확 및 저장

• 풋콩 : 꼬투리 색깔이 황변하기 전 짙은 녹색을 띨 때(개화
후 36~40일경)가 수확 적기이다.
• 일반콩 : 콩잎이 황갈색으로 변하여 떨어지고 콩 꼬투리
의 80~90% 이상이 고유한 성숙 색깔로 변하는 시기를
일반적인 성숙기로 보지만 실제 수확 적기는 이로부터
7~14일이 지난 시기로, 이때 콩 꼬투리와 콩알의 수분
함량은 18~20% 정도이다.

콩의 **영양소**

... 100g당 380kcal

수분	단백질	지질	당질	섬유소	회분	칼슘	인	철
–	35g	18g	31g	17g	–	220mg	576mg	8mg

나트륨	칼륨	비타민 A	베타카로틴	비타민 B$_1$	비타민 B$_2$	나이아신	비타민 C
2mg	–	–	–	–	0.3mg		

(자료: 농촌진흥청 식품성분표)

토마토

- **분류** : 가지과(Solanaceae) **형태** : 한해살이풀
- **크기** : 1m 정도 **개화기** : 5~8월 **원산지** : 남아메리카

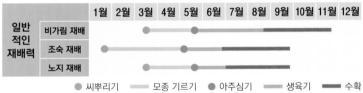

일반적인 재배력		1월	2월	3월	4월	5월	6월	7월	8월	9월	10월	11월	12월
	비가림 재배												
	조숙 재배												
	노지 재배												

● 씨뿌리기 ━ 모종 기르기 ● 아주심기 ━ 생육기 ━ 수확

　　토마토는 특유의 선명한 붉은색 때문에 처음에는 주로 관상용으로 재배되었으나 1700년대에 들어서 음식의 재료로 활발하게 사용되기 시작했다. 토마토가 채소인지 과일인지 분류 기준이 한때는 불분명하여 미국에서는 이를 두고 법적 분쟁까지 일어났다. 당시 미국에서는 자국 농민 보호 정책의 일환으로 과일은 면세품목, 채소는 10%의 관세를 부과하고 있었는데 뉴욕 세관에서 토마토를 채소류로 분류하면서 관세를 부과하자 수입상들이 토마토를 과일이라고 주장하여 대법원까지 상고 되었다. 이에 대법원의 판결은 '식물학적 견지에서는 토마토가 과일이 맞지만, 토마토는 후식으로 먹기보다는 주식의 중요

한 일부이므로 채소로 보는 것이 맞다'고 판결하여 이후부터 채소류 중 과채류로 분류되고 있다.

토마토는 맛과 영양이 풍부하며, 붉은 색감이 다양한 요리에 활용하기 좋아 품종 개발이 활발히 진행되어 현재는 세계적으로 5,000종이 넘는 품종이 재배되고 있다. 국내에서는 주로 찰토마토, 대저토마토, 방울토마토, 대추토마토, 흑토마토 등이 유통되고 있다.

토마토의 주요 성분 중 하나인 리코펜이 체내의 활성산소를 제거해 노화를 방지하고 암 예방에 도움을 준다. 또한 콜레스테롤 수치를 낮춰 각종 혈관질환 및 성인병 예방에 효과가 있다.

품종 고르기

- 토마토는 일반 토마토와 방울토마토가 있는데, 일반 토마토는 요즈음에는 완숙 토마토 품종이 주종을 이루고 있어 색깔이 빨갛게 든 다음에 수확하는 것이 원칙이다.
- 토마토 품종으로는 미숙 출하형으로 '서광', '강육' 등이 있고 완숙형으로 '선샤인' 등이 있다. 완숙형은 일본 품종과 유럽 품종이 많다. 모모타로(桃太郞) 계통의 일본 품종이 맛은 더 있으나, 유럽 품종보다는 재배가 까다로워 열과(과채류에서 과실의 껍질이 갈라지는 현상)가 잘 생긴다.
- 방울토마토는 일반 토마토에 비하여 야생성질이 더 강하기 때문에 재배하기는 더 쉽다. 요즘에는 방울토마토보다 알이 굵고 포도처럼 송이째 수확하는 송이토마토도 나오고 있는데 주로 유럽 품종이다.

밭 만들기

- 토양 조건 : 배수가 양호하고 비옥하며 가지과 작물을 재배한 적이 없는 토양이 적합하다. 토양 산도는

pH6.0~6.5 정도의 약산성이 좋다.

- 햇빛이 적게 드는 밭에서는 꽃가루의 기능이 약화되어 토마토가 제대로 달리지 못한다.
- 밭을 만들기 전 밑거름으로 3.3m²당 퇴비 10kg, 석회 3kg, 붕사 8g을 사용하여 토양을 깊게 갈고 요소 80g, 용성인비 170g, 염화칼륨 25g을 전면에 골고루 뿌린다.
- 이랑을 만들기 전에 퇴비와 밑거름 비료를 넣는다.
- 이랑 만들기 : 이랑은 지하수 영향을 받지 않게 하고 통기성 등을 고려하여 25~30cm 정도로 높게 하는 것이 좋다.
- 두둑과 고랑을 만들고 두둑에 비닐을 씌우면 지온이 높아져 활착이 빠르고 잡초를 방지할 수 있다.

씨 뿌리기

- 토마토 종자는 가급적 채종(좋은 씨앗을 골라 받음)한 지 오래되지 않은 것을 이용하는 것이 좋다. 시중에서 판매하는 종자의 사용 기간은 채종 후 2년 정도이며, 아주심기 예정 주수의 1.5배를 파종한다.
- 토마토 육묘를 위한 씨뿌리기는 재배 유형에 따라 다르지만 대개 아주심기 한 날을 역산해서 저온기 육묘는

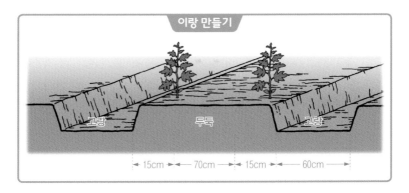

이랑 만들기

고랑   두둑   고랑

◄ 15cm ►◄ 70cm ►◄ 15cm ►◄ 60cm ►

토마토 꽃   아주심기한 토마토 모종

50~70일, 고온기 육묘는 30~40일 전에 실시한다.

아주 심기

• 모종을 구입해서 심는 것이 편리하며, 심기 2주일 전에는 밭에 밑거름을 충분히 주고 가능한 한 깊게 갈아두어야 한다.

• 화분이나 상자에 심을 때는 심기 2~3주 전에 붉은 흙, 퇴비, 고토 석회, 원예용 복합비료를 3:1:1:1로 섞어서 준비해 놓는다.

토마토 모종 심기

❶ 마디 사이가 짧은 모종이 좋다.

❷ 2~3주 전에 배합토를 준비하고 지주를 꽂아준다.

재배 중인 토마토　　　　　　　블랙 방울토마토

- 심기 전날 준비해 놓은 배합토를 재배 용기에 집어넣고 액체 비료를 충분히 준 뒤, 모종을 심고 마른 흙을 살짝 덮어준다. 다음 날 오전에 적당히 물을 준다.
- 지주를 꽂고 끈으로 8자 모양으로 약간 헐렁하게 묶어준다.

물관리
- 보통 토마토는 한 그루당 하루 1~2L 정도의 물을 흡수하므로 건조할 때는 하루에 3.3m²당 5~6L의 물을 필요로 한다.
- 물주기는 보통 1~2일 간격으로 준다(봄가을 3~4일, 겨울 5~7일).

거름주기
- 토마토는 땅이 기름지면 열매는 달리지 않고 잎만 무성해지며 잎이 꼬이는 증상이 발생한다. 따라서 밑거름은 적게 주고 나머지는 웃거름으로 토마토의 생육 상태를 보면서 주는 것이 좋다.

• 일반 토마토의 경우 웃거름으로 복합비료를 주며, 첫 과실이 탁구공만 한 크기가 되었을 때부터 20~25일 간격으로 될 수 있으면 물에 녹여 주는 것이 좋다.

거름 총량 (g/3.3m²)	요소	석회	퇴비	용과린	염화칼륨
	140~200	300	2,000	160~250	140~170

• 밑거름으로 복합비료를 주어도 상관없다.

재배 요령

• 저온기 재배 시에는 비닐 멀칭을 하여 땅의 온도를 높여줌으로써 뿌리의 활력을 증진시켜 비료 이용률을 높인다.

토마토 곁순 제거

• 지주 세우기 : 모종이 자람에 따라 첫 번째 꽃이 피면 길이 1.8~2m 정도인 지주를 세우는데, 양쪽에 세운 지주를 윗부분에서 끈으로 함께 묶어주면 바람에 잘 쓰러지지 않는다.

• 순지르기 : 옮겨 심은 후 10~15일에 뿌리가 완전히 활착되면 잎의 색도 좋아진다. 이때 줄기에 달린 잎의 겨드랑이로부터 곁눈(측지)이 왕성하게 자라기 시

제3화방

제2화방

제1화방

처음에는 잎만 나와 자라다가 9~10마디 사이에서 첫 화방이 나오고, 이후 4마디 정도마다 같은 방향으로 화방이 생긴다.

토마토의 화방

토마토 • 193

작하므로 모두 제거해야 한다. 아울러 한 줄기(주지)만 계속 위로 키워야 하며, 측지는 빨리 없애줄수록 열매가 크는 데 좋다. 본잎이 8~9장 정도 되게 자라면 여러 개의 꽃봉오리가 달린 제1화방이 줄기에 달린다. 줄기에 화방이 4~5개 정도 달리면, 맨 위의 화방에 달린 꽃봉오리가 개화하기 시작할 무렵에 화방 위의 잎을 2장 남기고 그 윗부분에서 생장점을 제거한다. 수확을 마치기 1달 전쯤에 마지막으로 수확될 화방이 달려 있는 윗부분의 주지를 잘라 버린다.

TIP 방울토마토

방울토마토는 일반 토마토에 비해 단맛이 강하고 비타민도 두 배나 많이 함유하고 있으며 병에도 대단히 강해 재배가 쉽다. 과도한 습기에는 약하므로 텃밭에서 이랑 높이는 30cm 정도로 높게 한다. 모종을 구입할 때는 잎의 색이 좋고 두꺼운 것을 골라 심는다. 그러나 큰 키로 무성하게 자라므로 집 안에서는 관상용을 겸해 한두 포기 길러보는 것이 좋다. 큰 화분이나 박스로 바꾸어가며 한두 차례 더 옮겨 심어야 한다. 온도가 낮으면 꽃이 떨어지므로 15℃ 이상은 유지해줘야 한다. 5월경에는 꽃이 핀 후 60일, 7월경에는 꽃 핀 후 40일 정도부터 과실이 붉게 물들게 되면 수확할 수 있다.

화분에 재배하는 방울토마토

수확 시기의 방울토마토

수확한 토마토

- 토마토는 기상 조건이나 영양 상태에 따라 꽃이 떨어지기 쉬우므로 토마토톤(tomatotone)과 같은 식물호르몬을 처리하여 착과를 도울 수 있다. 한 개의 화방에 꽃이 2~3개 피었을 때에 화방 전체에 토마토톤 100배액을 분무기로 뿌리면 된다.

병해충 방제

- 잎곰팡이 : 과습하면 발생한다. 잎 뒷면에 담황색 병반이 점차 커져 잿빛으로 변하면서 잎 전체가 죽는다. 이러한 증상이 나타나면 샤프롤유제, 가벤다·가스민수화제, 치람수화제 등을 살포해 방제한다.
- 잿빛곰팡이병 : 잎, 줄기, 과일에 암갈색의 곰팡이 병반이 생긴다. 이때 포리옥신수화제, 디에토펜카브·가벤다수화제, 디크론, 이프로·치람수화제 등을 뿌려준다.
- 온실가루이 : 유충은 잎 뒷면에 기생한다. 이때 스피노사드입상제, 지노멘수화제, 푸라치오카브유제, 피리프록시

펜유제 등을 일주일 간격으로 서로 번갈아 살포한다.
- 병충해 예방 : 병든 식물이 나타나면 우선 뽑아내고 주변의 잡초를 제거해 병충해 발생을 미연에 방지한다.

수확 및 저장 • 일반 토마토의 경우 꽃이 핀 지 40~50일 후면 수확할 수 있으며, 과실에 빨간색이 드는 것을 보아 쉽게 수확 시기를 알 수 있다.

잘 익은 수확 적기의 토마토

성공 재배 노하우

1 잘 자라는 온도 : 25~27℃(낮 25~30℃, 밤 18~20℃)
2 심었던 흙에 또 심는 연작을 싫어하므로 새로운 배합토를 준비해야 한다.
3 물이 잘 빠지는 토양에 심어야 한다.
4 햇빛을 좋아하므로 빛이 잘 드는 곳에서 키워야 한다.

토마토의 영양소
.... 100g당 14kcal

수분	단백질	지질	당질	섬유소	회분	칼슘	인	철
95.2%	0.9g	0.1g	2.9g	0.4g	0.5g	9mg	19mg	0.3mg

나트륨	칼륨	비타민 A	베타카로틴	비타민 B₁	비타민 B₂	나이아신	비타민 C
5mg	178mg	90R.E	542µg	0.04mg	0.01mg	0.6mg	11mg

(자료: 농촌진흥청 식품성분표)

호박

- **분류** : 박과(Cucurbitaceae) **형태** : 덩굴성 한해살이풀
- **크기** : 덩굴성 식물로 옆으로 뻗어감 **개화기** : 6~10월
- **원산지** : 중앙아메리카 및 남아메리카

일반적인 재배력		1월	2월	3월	4월	5월	6월	7월	8월	9월	10월	11월	12월
	노지 재배			●	━━	●	━━	━━					
	노지 재배 (고랭지)						●	━━	━━	━━			

● 씨뿌리기   ━━ 모종 기르기   ● 아주심기   ━━ 생육기   ━━ 수확

　　호박은 대표적인 녹황색 채소로 크게 동양계 호박, 서양계 호박, 페포계 호박 등의 3종류가 있다. 국내에서는 과실뿐만 아니라 잎, 순, 꽃, 씨도 식용 및 약용으로 모두 이용한다. 호박은 종류가 다양한 만큼 특성에 따른 조리법도 다양하다. 동양계 호박은 수분이 많고 끈적거리는 성질이 있어 조림이나 볶음류의 요리에 적합하다. 서양계 호박은 육질이 단단하고 수분기가 적어서 튀김이나 과자, 수프 등을 요리할 때 좋다. 페포계 호박은 주키니 품종이 가장 널리 쓰이며 흔히 '돼지호박'이라고 부르기도 하며, 볶음이나 중국 음식에 많이

사용된다.

호박은 비타민 A와 비타민 C의 함량이 높아 피로 회복, 노화 방지, 항암 효과를 가지고 있다. 또한 풍부한 식이섬유로 장운동을 돕고 변비를 예방해준다.

품종 고르기

- 동양계 호박의 대표 품종으로는 애호박과 풋호박이 있고 청과와 숙과를 모두 식용으로 소비하는 호박이다.
- 서양계 호박의 대표 품종은 단호박, 밤호박, 대형호박 등이 있다.
- 페포계 호박은 주키니와 국수호박, 무종피 호박 등이 있으며 주키니 계통을 많이 사용한다. 주키니 호박은 맛이 떨어지는 반면 겨울철 재배에 적합해 겨울에는 값싸게 많이 나오지만 여름에는 잘 자라지 못해 오히려 값이 비싸진다.

밭 만들기

- 비교적 토질을 가리지 않으며 다른 박과류 채소에 비해 뿌리 발달이 왕성하다.

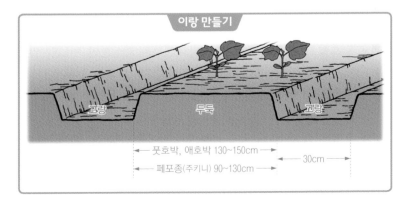

이랑 만들기

고랑 　 두둑 　 고랑

◄── 풋호박, 애호박 130~150cm ──► 　 30cm

◄── 페포종(주키니) 90~130cm ──►

주키니 호박

풋호박

애호박

단호박

- 이랑을 만들기 전에 퇴비와 밑거름 비료를 넣는다.
- 재배 형태에 따라서 두둑과 고랑 폭을 결정하는데, 아주심기 전에 모종을 심을 구덩이를 파고 미리 물을 흠뻑 주면 초기 생육이 좋아진다.
- 두둑에 비닐을 피복하면 지온이 높아져서 활착이 빠르고 잡초제거 노력과 관수노력을 절감할 수 있다.

지온을 확보하기 위해 터널을 설치하기도 한다.

씨 뿌리기

- 호박 종자는 가급적 채종한 지 오래되지 않은 것을 이용하는 것이 좋다. 시판 종자의 사용 기간은 대부분 채종 후 2년 정도이며, 종자 소요량은 아주심기 예정 주수의 1.5배를 파종한다.
- 육묘를 위한 씨 뿌리는 시기는 재배 유형에 따라 다르지만 대개 아주심기 날을 역산해서 저온기 육묘는 35일 내외, 고온기 육묘는 25일 내외가 좋다.

호박 꽃

호박 착과

• 모종 기르기는 32공 플러그 트레이를 이용한다.

아주 심기

• 모종은 5월 상순에서 중순 사이, 지온이 16~17℃가량 될 때 옮겨 심는 것이 좋다.

• 모종의 본잎이 4~5장 형성될 때가 아주심기 할 시기이며, 지온 확보를 위해 터널을 설치하기도 한다.

• 모종 고르기 : 모종을 구입해 사용할 경우에는 줄기가 곧

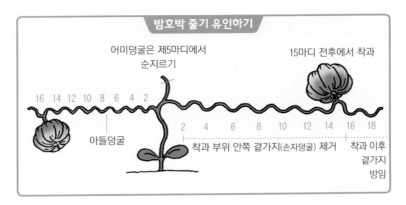

밤호박 줄기 유인하기

어미덩굴은 제5마디에서 순지르기

15마디 전후에서 착과

16 14 12 10 8 6 4 2

아들덩굴

2 4 6 8 10 12 14 16 18

착과 부위 안쪽 곁가지(손자덩굴) 제거

착과 이후 곁가지 방임

고 웃자라지 않은 것, 뿌리가 잘 발달해 잔뿌리가 많고 밀생되어 있는 것, 노화되지 않고 병해충 피해가 없는 것, 본잎이 3~4장 전개된 것, 잎이 햇빛을 잘 받도록 전개된 것을 고른다.

- 식물체가 옆으로 퍼지는 성질이 있으므로 포기 사이 간격은 약간 넓게 심는다. 모종 흙 높이는 지면보다 다소 높거나 같은 깊이로 심는다. 모종 주위에 흙을 잘 덮어 모종이 마르는 것을 방지하되, 모종을 눌러 심어서는 안 된다.
- 암꽃이 피면 수꽃으로 인공 교배를 하는 등 수정을 시킨다. 암꽃이 피기 1주일 전부터 시작해 20~25일 간격으로 2~3회 추비를 한다.
- 밤호박의 줄기 유인 : 어미덩굴은 5마디에서 순지르기 한다. 어미덩굴의 3~4마디에서 나오는 아들덩굴을 2~3개 기르고 나머지 곁가지는 제거한다.

물관리
- 아주심기 후에는 사방으로 15cm 떨어진 곳에 둥글게 원을 그려 도랑을 만들고 물을 충분히 준다.

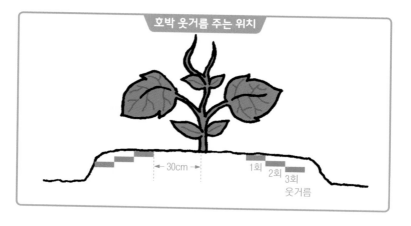

호박 웃거름 주는 위치

←30cm→   1회 2회 3회
웃거름

호박밭

수확한 호박

수확한 늙은호박

- 물은 일주일에 한 번 정도 땅속 깊이 스며들 정도로 충분히 준다.

> **거름
> 주기**
>
> - 수확하는 열매의 수가 많으므로 밑거름은 많이 줄수록 유리하다. 그러나 질소질이 지나치면 오히려 생리적인 낙과 현상으로 과실이 달리지 않을 수 있으니 주의한다.
> - 거름을 줄 때 인산, 퇴비, 고토석회는 이랑을 만들기 전에 전량을 넣는다. 질소와 칼륨 비료는 이랑을 만들기 전에

수확 시기의 주키니호박

요소와 염화칼륨을 3.3m²당 각각 58g, 22g만 미리 넣고,
나머지는 3등분해 아주심기 후 나누어서 준다.

• 아주심기 후에 주는 비료는 처음에는 모종에서 30cm 떨
어진 곳에 주고 점차 모종에서 멀어지면서 준다.

거름 총량 (g/3.3m²)	요소	용과린	염화칼륨	퇴비	석회
	145	222	55	6,700	500

• 밑거름으로 복합비료를 주어도 상관없다.

**병해충
방제** • 노균병 : 잎의 앞면에 엷은 황색의 반점이 생기다가 점점
커진다. 환기를 철저히 하고, 지속적으로 덧거름을 주며,
노균병 등록약제로 방제한다.

• 흰가루병 : 잎에 작은 흰색가루가 점점이 형성되어 번진
다. 질소 비료 과용을 피하고, 흰가루병 등록약제로 방제
한다.

- 응애 : 잎 뒷면에 기생하여 흡즙하며 여름철 가뭄 시 심하게 나타나는데 응애약으로 방제 가능하다.

수확 및 저장

- 애호박이나 풋호박은 보통 개화 후 7~10일이면 수확하고, 늙은호박으로 이용할 때는 개화 후 50~60일 정도 지나 수확한다. 서양호박인 밤호박 계통은 개화 후 35~40일경에 수확한다.
- 수확 시 호박이 상처를 입지 않도록 주의한다.

성공 재배 노하우

1 햇빛이 잘 드는 곳에서 키워야 한다.
2 밑거름과 웃거름을 충분히 주면 더 잘 자란다.
3 병에는 비교적 강한 편이나, 흰가루병과 바이러스에 잘 걸리므로 주의한다.
4 일반적으로 가지 고르기는 필요 없으나, 초기에 순지르기를 하여 곁가지를 키우면 암꽃이 더 많이 피게 되어 과실이 더 달릴 수 있다.
5 웃거름은 먼저 모종이 심겨진 곳에서 약 30cm 되는 곳에 준다. 그다음부터는 뿌리가 자라기 때문에 점차 모종에서 멀리 떨어진 곳에 준다.

호박의 영양소 ... 100g당 27kcal

수분	단백질	지질	당질	섬유소	회분	칼슘	인	철
91%	0.9g	0.1g	6.7g	0.8g	0.5g	28mg	30mg	0.8mg

나트륨	칼륨	비타민 A	베타카로틴	비타민 B_1	비타민 B_2	나이아신	비타민 C
1mg	334mg	119R.E	712μg	0.04mg	0.04mg	0.5mg	15mg

(자료: 농촌진흥청 식품성분표)

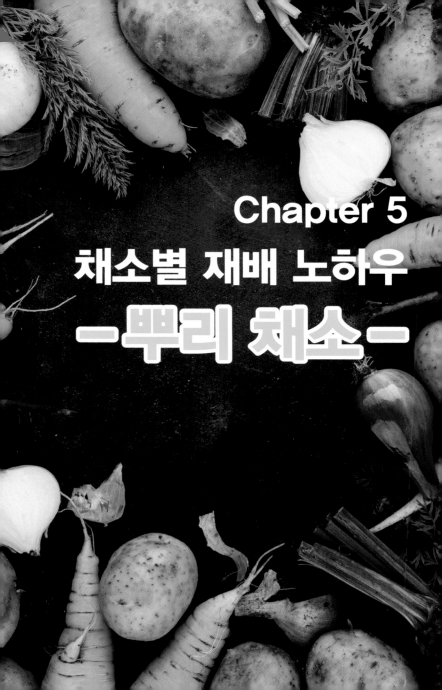

Chapter 5
채소별 재배 노하우
-뿌리 채소-

감자

- **분류** : 가지과(Solanaceae)　　**형태** : 여러해살이풀　　**크기** : 60~100cm 정도
- **개화기** : 6월　　**원산지** : 남아메리카의 페루와 칠레 일대

일반적인 재배력		1월	2월	3월	4월	5월	6월	7월	8월	9월	10월	11월	12월
	봄												
	가을												

● 씨뿌리기　　● 아주심기　　▬ 생육기　　▬ 수확

　감자는 예로부터 든든한 한 끼로도 손색이 없는 구황작물이면서
부식의 재료로 다양하게 이용되어온 친숙한 식품이다. 우리나라에
서 주로 재배되는 품종은 가장 많이 보급되어있는 '수미', 일본에서
들어온 '남작', 주로 칩 가공용으로 이용되는 '대서' 등이 있다. 국
내 감자 생산량의 80%를 차지하는 '수미'는 찐득한 느낌이 드는 점
질 감자로 단맛이 나는 것이 특징이며, '남작'은 삶았을 때 분이 많
이 나는 분질 감자이다. 감자는 삶거나 굽고, 기름에 튀기는 등 다양
한 조리법을 활용하여 요리하고 알코올의 원료와 당면, 공업용 원료

로도 이용된다.

　감자의 전분은 위산과다로 생긴 질병과 손상된 위를 회복하는 데 효과적이다. 감자의 비타민 C는 전분에 의해 보호되어 가열에 의한 손실이 적으므로 다양하게 조리하여 먹어도 충분한 영양섭취가 가능하다.

품종 고르기

- 1년에 한 번 심는 남작, 수미, 봄가을에 걸쳐 두 번 심을 수 있는 대지, 세풍 등이 있다. 조생종이 재배하기 좋고, 씨감자는 고도가 높은 고랭지에서 생산된 것이 바이러스병이 적어 좋다.
- 수미 : 봄 재배의 대표 품종으로 식용이나 가공용으로 많이 쓰이며 숙기(무르익는 시기)가 90~100일로 빠르다. 감자 모양은 편원형이고 색깔은 담황색이며 표면은 그물 모양의 줄무늬가 있다.
- 대지 : 봄가을에 두 번 재배할 수 있는 품종으로 재배기간은 110~120일이며 척박지에서도 잘 자란다. 감자 모양은 납작하며 둥근 모양이고 색깔은 담황색이다.

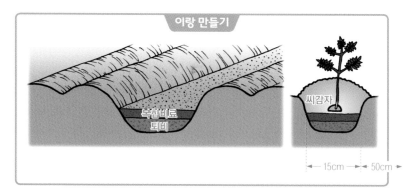

이랑 만들기

복합비료
퇴비

씨감자

←15cm→ ←50cm→

감자 꽃

씨감자

- 컬러감자 : 자색(자심, 자서, 자영), 붉은색(서홍, 홍영) 등이 있다.

밭 만들기

- 토양 조건 : 배수가 잘되는 참모래흙에서 가장 잘 자란다.
- 감자 뿌리는 생육 조건이 좋을 때 폭 60cm, 깊이 120cm 까지 자라는데, 대개는 깊이 30~40cm까지 자라는 것이 일반적이다.
- 이랑 만들기 : 초겨울에 미리 밭에 나가 고토석회를 충분히 뿌려 두고, 감자를 심기 전에 이랑을 따라 15cm 간격으로 깊이 15cm 정도의 구덩이를 파서 1m²당 퇴비 1.5kg, 복합비료 300g을 넣는다. 그 위에 흙을 5cm 정도 덮어 비료가 직접 감자에 닿지 않도록 해준다.

싹 틔우기

- 씨감자를 절단할 때 씨눈 3~4개를 포함하여 절단한 다음, 절단부가 잘 아물도록 그늘진 곳에 5일가량 말린다. 절단부가 잘 치유된 감자는 직사광선을 피하고 신문을 읽을 수 있는 밝기의 조건에서 싹틔우기를 실시한다.

- 씨감자를 두세 겹으로 쌓을 때에도 맨 밑에 있는 씨감자에도 빛이 들어갈 수 있게 해야 한다. 이때 온도는 15~20℃가 좋다. 빛이 강하면 잎의 발달이 약하고, 빛이 약하면 줄기가 연약해진다. 이러한 조건으로 25일가량 두면 감자 싹이 2cm 내외로 자라 아주심기에 알맞게 된다.
- 가을 재배의 싹틔우기는 모래를 5cm 두께로 깔고 씨감자를 절단하여 자른 면이 밑으로 향하게 놓고 1cm 두께로 모래를 덮는다. 물을 충분히 뿌려주고 볏짚을 덮어 싹틔우기 육묘상이 건조하지 않도록 한다. 싹틔우는 기간은 2주 정도가 좋으며 싹의 길이는 3~5cm로 키운다.

아주 심기

- 미리 퇴비와 밑거름을 넣은 이랑을 따라 25cm 간격으로 씨감자를 심는다. 심기 전에 물을 충분히 주고 감자의 자른 면이 아래로 향하고 눈이 위로 향하도록 해야 한다. 심고 나서 다시 흙을 6~8cm 정도 덮는데, 추운 지방에서는 그 위에 다시 비닐이나 짚 등으로 덮어준다.
- 솎아주기 : 심은 후 보름 정도 지나면 10cm 정도로 자라는데 이때 충실한 싹을 1~2개 정도 남겨서 키우면 아주

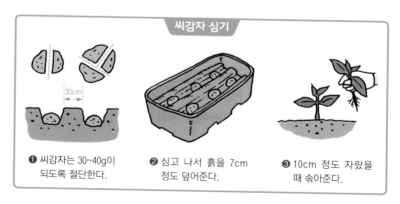

씨감자 심기

❶ 씨감자는 30~40g이 되도록 절단한다.

❷ 심고 나서 흙을 7cm 정도 덮어준다.

❸ 10cm 정도 자랐을 때 솎아준다.

큰 감자를 수확할 수 있다. 너무 빨리 심으면 서리의 피해를 받을 수 있으므로 3월 중순경에 심는 것이 좋다.

• 재배상자에 심을 때는 배양토를 잘 넣고 한 상자에 씨감자를 2개 정도 심으면 알맞다.

재배 요령

• 북주기 : 10cm 이상 자라면 괭이나 호미 등으로 고랑의 흙을 긁어 감자 주변으로 올려주는 북주기를 한다. 처음 북주기 하고 난 뒤 다시 2주 후에 한 번 더 해준다. 한 번 할 때 10cm 정도로 덮어 올려주는 것이 좋다. 북주기는 잡초제거와 함께 하는 것으로 감자가 햇빛에 녹화되는 것을 막고 흙의 통기성을 좋게 하는 효과가 있다.

• 배수가 잘 되지 않을 때에는 북주기를 하지 말고 배수로를 깊게 파서 배수가 잘 되도록 해준다.

거름 주기

• 밑거름은 3.3m²당 퇴비 4.5kg과 복합비료 1kg을 뿌리며, 재배 상자에는 그 반 정도의 양이면 된다.

• 싹이 땅 위로 15cm 정도 자랐을 때와 그 후 보름 뒤에 두 번에 걸쳐서 웃거름을 화학비료로 주어도 되는데, 줄기 밑

감자 관리 및 수확하기

❶ 웃거름을 포기 사이에 주고 흙을 북돋아준다.

❷ 잎과 줄기가 누렇게 변하면 바로 수확한다.

수확 시기의 감자

수확한 감자

동에서 좀 떨어진 곳에 가볍게 섞어 넣고 물을 주면 된다.

거름 총량 (g/3.3m²)	요소	용과린	염화칼륨	퇴비
	60~70	150~180	60~70	6,000~7,000

• 밑거름으로 복합비료를 주어도 상관없다.

병해충 방제

• 더뎅이병 : 감자 겉껍질에 코르크층을 형성하여 감자의 수량과 상품성을 떨어뜨린다. 감자 밑이 들기 시작한 초기에 땅이 메마르지 않도록 물주기를 잘하여 토양습도를 유지시키는 것이 좋으며 토양산도를 pH5.2로 낮추면 발생이 적다.

• 역병 : 처음에는 잎에 황색 반점이 나타나지만 나중에는 갈색 내지 흑색으로 변하여 결국 괴사한다. 무병 씨감자(바이러스가 없는 품종)를 사용하며 재배 중에는 땅이 과습하지 않도록 배수 고랑을 깊게 파준다.

수확 및 저장

• 수확 적기 : 감자 수확은 포기 전체 잎이 누렇게 변할 때부터 완전히 마르기 직전까지가 적기이다. 이때 감자 껍질은 잘 벗겨지지 않고 전분도 알맞게 축적되어 있다. 너무

감자 • 211

빨리 수확하면 껍질이 잘 벗겨져서 부패하기 쉽다. 껍질에 상처가 나도 잘 부패한다. 수확은 흙의 수분이 적을 때 즉, 비온 후 5일 정도 지난 맑은 날에 하는 것이 좋다.

• 수확한 후 껍질이 마를 정도로 밭에 두었다가 거두어들인다.

• 저장 방법 : 저장할 때는 쌓아놓지 말고 그늘에서 일주일 정도 말려서 상처를 아물게 한 후에 온도 6~8℃, 습도 70~80% 정도에 두면 오래간다. 8℃ 이상에서는 싹이 난다.

성공 재배 노하우

1 재배 시기 : 봄 재배(3~7월), 가을 재배(8~11월)

2 재배에 알맞은 땅 : 물 빠짐이 좋은 땅

3 포기에 흙을 북돋아 주면 수량이 크게 높아지므로 김매기를 겸해 1~2회 북주기를 한다.

4 심기 전에 물을 충분히 주고, 자른 부위는 아래로, 눈은 위쪽으로 오게 심는다. 심은 후 6~8cm 정도의 흙을 덮어준다.

5 심은 후 보름쯤 지나면 싹이 10cm 정도 자라는데 그중 충실한 1~2개만 남기고 없앤다.

감자의 영양소

... 100g당 80kcal

수분	단백질	지질	당질	섬유소	회분	칼슘	인	철
78.1%	1.5g	0.2g	18.5g	0.5g	1.2g	3mg	62mg	1.6mg

나트륨	칼륨	비타민 A	베타카로틴	비타민 B_1	비타민 B_2	나이아신	비타민 C
3mg	420mg	–	–	0.17mg	0.04mg	1.2mg	18mg

(자료: 농촌진흥청 식품성분표)

고구마

- **분류** : 메꽃과(Convolvulaceae) **형태** : 여러해살이풀
- **크기** : 20cm 정도 **개화기** : 7~8월 **원산지** : 중 · 남아메리카

일반적인 재배력	1월	2월	3월	4월	5월	6월	7월	8월	9월	10월	11월	12월

● 씨뿌리기 ━ 모종 기르기 ● 아주심기 ━ 생육기 ▬ 수확

    고구마는 가을에 제철을 맞는 작물로 척박한 땅에서도 잘 자라기 때문에, 옛날에는 추운 겨울에 가난한 서민들의 배고픔을 해결해 주었던 구황작물 중 하나였고, 지금은 달콤한 맛을 활용하여 다양한 요리와 디저트에 널리 쓰이는 작물이다. 인기가 높은 식재이니만큼 다양한 품종이 개발·재배되고 있으며, 국내에서 주로 유통되는 품종은 밤고구마, 호박고구마, 베니하루카 고구마가 있다. 최근에는 보라색 안토시아닌 색소가 함유된 자색 고구마가 건강식품으로 인기를 끌고 있다.

    고구마는 뿌리뿐만 아니라 줄기도 널리 활용되고 있는데, 고구마

줄기로 만든 나물 반찬은 부드럽고 고소하여 맛이 좋다. 고구마는 탄수화물 식품 중 식이섬유가 많이 함유된 식품으로 장운동을 촉진하여 다이어트와 변비 예방에 효과적이고, 비타민 C가 풍부하게 함유되어 있어 피로 해소, 스트레스 완화에 도움을 준다. 또한 칼륨의 함량이 높아 혈압을 조절하고 체내 나트륨을 배출하는 데 도움을 준다.

품종 고르기

- 1930년대부터 품종이 도입된 이후 우리나라에서도 많은 품종이 육성되었다. 밤고구마인 율미, 날로 먹기에 좋은 생미, 식용 및 가공용인 건미 등이 있다.
- 신건미 : 고구마 모양은 방추형(양끝이 뾰족한 형태)이며, 한 개의 무게는 130g 정도이다. 조기 재배에서는 수량이 떨어지므로 보통 재배에 알맞고 전국 각지에 잘 적응하는 품종이다.
- 신율미 : 고구마 모양은 장방추형으로 약간 길며 병에 견디는 힘이 비교적 강하다. 밤고구마 품종의 하나이다.
- 신황미 : 속살은 주황색이고 육질은 점질이다. 일명 호박고구마이다. 과습한 땅에서 재배하면 수량이 감소되고 저

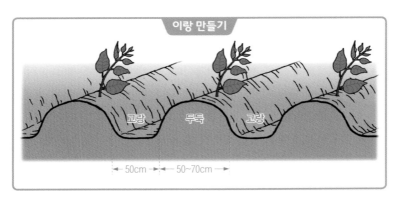

이랑 만들기

고랑   두둑   고랑

◄─ 50cm ─►◄─ 50~70cm ─►

214

고구마 꽃

씨고구마

장력이 떨어지므로 배수가 잘되는 곳에서 재배하여야 한다. 신황미는 생육이 왕성하여 전국 어느 곳에서나 재배가 가능한 품종이다.

밭
만들기

• 토양 조건 : 비교적 척박한 황적색 산 개간지나 물 빠짐이 좋고 통기성이 좋은 백마사토 등에서 품질 좋은 고구마가 생산된다. 토양 산도는 pH6.0~7.0 정도의 중성 내지 약알칼리성을 좋아한다.

• 이랑을 만들기 전에 퇴비와 밑거름 비료를 넣는다. 두둑을 폭 50~70cm, 높이 30cm 정도로 만들고 밑거름 위주로 주되 너무 비옥하지 않도록 준비한다. 밭이 너무 기름지면 초기의 잎과 줄기가 무성하게 자라나 정작 고구마의 크기는 작아진다. 물 빠짐은 좋아야 한다.

싹
틔우기

• 씨고구마를 온상에서 싹을 틔우려면 온상 온도가 싹이 틀 때 25~30℃, 싹이 자랄 때 20~25℃를 유지해야 한다.

• 매일 물주기를 하여 기를 수 있지만 고구마 순을 구입하여

심는 것이 편리하다.

- 고구마 순은 25~30cm가 알맞고, 순을 절단하여 15℃ 정도에서 2~3일간 두면 상처가 아물어서 활착이 빠르고 초기 생육이 좋다.

아주 심기

- 모종의 밑에서부터 4~5마디 정도는 고구마가 될 뿌리가 나오는 중요한 마디이므로 땅속에 들어가도록 경사지게 심는다. 단, 잎은 모두 땅 위로 나오도록 심어야 한다. 두둑 위에 비스듬히 모종을 놓고 아랫부분을 손가락 끝으로 땅속에 깊이 박아 넣듯이 심고 위에서 눌러준다.
- 모종을 물에 담갔다가 심는 것이 뿌리 발육에 좋다. 4~5일간 그늘에 저장한 건강한 모종을 15~20cm 간격으로 가능한 눕혀서 심는다. 심는 시기가 늦었을 때는 싹이 크고 튼튼한 것을 좁은 간격으로 심고, 질소 비료는 적게, 칼륨 비료는 많이 주어 덩이뿌리가 크고 실하게 자랄 수 있도록 한다. 또 심을 때 물을 주어 초기 생육을 왕성하게 하고, 검은 비닐을 씌우면 생산량을 늘릴 수 있다.

고구마 순 심기

밭은 두둑을 50~70cm 정도로 하여 밑거름 위주로 주되, 토양은 너무 비옥하지 않아야 하고 물 빠짐이 좋아야 한다.

보통은 경사심기 한다.

모종이 짧거나 밭이 너무 건조하면 수평심기 한다.

• 김매기 : 고구마 밭에 김매기를 해주면 잡초를 없앨 수 있을 뿐만 아니라 땅이 부드러워져서 고구마 밑이 잘 들어 수량이 많이 난다.

• 토양이 건조하면 가는 뿌리와 굳은 뿌리가 많고 과습하면 토양 통기가 불량하여 뿌리 비대가 좋지 않다.

• 순지르기 : 모종이 잘 활착된 후에는 순지르기로 분지 발생을 촉진시키면 덩굴이 빨리 퍼진다. 하지만 촘촘하게 심었을 때 순지르기를 하면 오히려 웃자라기 쉽고 생육이 빈약할 때는 도리어 생육을 더디게 만들기도 한다.

• 비료 특히 질소 성분이 너무 많으면 덩굴만 무성해지고 알이 굵지 않아 고구마 맛이 없어진다.

• 인산 성분을 잘 흡수하는 성질이 있어서 인산 비료가 없어도 잘 자랄 수 있지만, 인산 비료가 충분하면 단맛이 증가하고 저장력도 좋아진다.

• 고구마는 비료를 잘 흡수하는 작물이므로 비료 성분이 남아 있는 밭에 심을 때는 더 이상 비료를 주지 않고 키워도

고구마 관리 및 수확하기

❶ 김매기

❷ 웃거름은 덩굴의 성장을 봐가며 조절한다.

❸ 서리가 오기 전에 수확한다.

고구마 • **217**

수확 시기의 고구마

되며, 척박한 땅이라면 초기 생육을 돕기 위해 밑거름 위주로 적당히 준다.

거름 총량 (g/3.3m²)	요소	용과린	염화칼륨	퇴비	석회
	43	117	107	3,300	330

병해충 방제

• 덩굴쪼김병 : 튼튼한 모종 심기를 하고 가뭄 때 물주기와 장마 때 물 빼주기를 잘해준다.

• 굼벵이류 : 굼벵이는 땅에서 월동하고, 미숙퇴비 등에 알

성공 재배 노하우

1 재배 시기 : 5~9월

2 잘 자라는 온도 : 30~35℃가 가장 알맞지만 주야간 온도 차가 많을 때 뿌리 비대를 촉진한다.

3 좋은 모종 : 절단된 부분이 2~3일간 경화되어 상처가 아문 것이 활착도 빠르고 생육이 좋다.

수확한 고구마

을 낳아 번식하므로 고구마 심기 전 미숙퇴비 사용을 지양하고 완숙퇴비를 사용하여야 한다.

수확 및 저장
- 수확 적기 : 심은 후 110~120일가량 되면 수확할 수 있는데 이 시기를 놓치지 않아야 상품성이 좋은 고구마를 수확할 수 있다.
- 고구마 덩굴을 제거하고 땅을 파 수확하되 고구마 껍질에 상처가 나지 않도록 주의한다.
- 고구마는 껍질이 얇아서 쉽게 상처를 받기 때문에, 수확 후 상처가 아물도록 건조시켜야 한다.

고구마의 영양소

... 100g당 128kcal

수분	단백질	지질	당질	섬유소	회분	칼슘	인	철
66.3%	1.4g	0.2g	30.3g	0.9g	0.9g	24mg	54mg	0.5mg

나트륨	칼륨	비타민 A	베타카로틴	비타민 B$_1$	비타민 B$_2$	나이아신	비타민 C
15mg	429mg	19R.E	113μg	0.06mg	0.05mg	0.7mg	25mg

(자료: 농촌진흥청 식품성분표)

당근

- **분류** : 산형과(Umbelliferae)　　• **형태** : 두해살이풀
- **크기** : 1m 정도　　• **개화기** : 7~8월　　• **원산지** : 히말라야, 힌두쿠시산맥 일대

일반적인 재배력		1월	2월	3월	4월	5월	6월	7월	8월	9월	10월	11월	12월
	봄												
	여름												
	가을												

● 씨뿌리기　━ 생육기　━ 수확

　　당근은 특유의 향과 주홍빛 색깔이 특징인 가장 친숙한 채소 중의 하나로 다양한 요리에 이용되고 있다. 계절에 따라 주 생산지가 달라지는 작물로 겨울에는 제주 구좌에서, 여름에는 경남지방, 가을에는 평창 고랭지에서 많이 생산된다. 생산량으로는 제주산이 전체의 약 70%로 가장 많다. 저장성이 뛰어난 작물로 적정 저장조건이 유지될 경우 6~8개월까지 품질이 유지되어 사시사철 언제나 쉽게 구할 수 있다.

　　당근에 풍부하게 함유된 베타카로틴은 항산화 효과를 내고, 노화방지 및 암 예방에 도움을 준다. 루테인, 리코펜 성분이 풍부하여 눈건강에 효능이 있으며 면역력 향상, 고혈압, 동맥경화를 예방해준다.

- 당근은 모양, 용도, 색깔에 따라 60여 종의 다양한 품종이
  존재하며, 크게 서양계와 동양계 2가지로 분류할 수 있다.
  서양계는 당근 특유의 냄새가 강한 것이 특징이며, 동양계
  는 주로 적자색과 백색을 띠고, 향이 상대적으로 약한 편
  이다.
- 우리나라에서는 뿌리색이 주황색인 5촌당근이 많이 재배
  되고 있다.
- 봄 재배용 : 홍삼5촌당근, 베니골드, 베타리치
- 여름 재배용 : 여름5촌당근, 골드리치
- 가을 재배용 : 신흑전5촌당근, 한여름5촌당근, 참조은당근

- 이랑 만들기 : 밭 전면에 퇴비와 거름을 깔아주고 경운과
  로터리 작업을 하여 이랑을 만든다.
- 이랑 규격 : 이랑은 재배 형태에 따라서 두둑과 고랑 폭을
  결정해 만든다. 두둑은 100cm가 적당하다.

- 털이 나 있는 씨앗은 손바닥으로 잘 비벼 털을 제거한다.

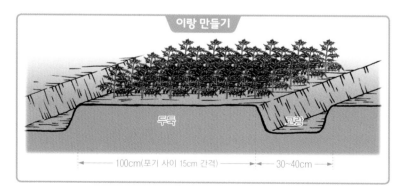

이랑 만들기

두둑   고랑

|←— 100cm(포기 사이 15cm 간격) —→|←— 30~40cm —→|

- 씨뿌리기 전에 물을 충분히 주어 습기를 유지하도록 한다.
- 이랑 폭을 60cm 전후로 해 씨앗을 밭 전체에 골고루 뿌린다.
- 당근 씨앗은 햇빛을 좋아하기 때문에 씨를 뿌린 다음 흙을 얇게 덮어야 한다. 흙을 덮은 다음 괭이 등으로 살짝 눌러 다진다.
- 발아 후에는 생장이 느리기 때문에 키가 5cm 정도 되었을 때 제초 작업을 해야 한다.

재배 요령 →

- 솎아주기 : 본잎이 2~3장 나왔을 때 서로 잎이 닿지 않을 정도로 솎아주기 하며 본잎이 4~5장 나왔을 때 포기 사이가 10~15cm 정도 되게 솎아준다.
- 북주기 : 뿌리가 햇빛에 노출되면 녹색으로 변하기 때문에 흙 속에 묻히도록 북주기를 해야 한다. 북주기는 줄기가 덮이지 않을 정도로 하며 뿌리 밑동은 흙에 덮이는 것이 좋다.

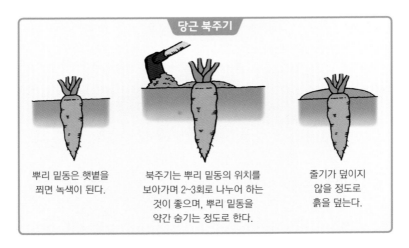

당근 북주기

뿌리 밑동은 햇볕을 쬐면 녹색이 된다.

북주기는 뿌리 밑동의 위치를 보아가며 2~3회로 나누어 하는 것이 좋으며, 뿌리 밑동을 약간 숨기는 정도로 한다.

줄기가 덮이지 않을 정도로 흙을 덮는다.

당근 꽃

당근 씨앗

당근 밭

- 당근 뿌리의 색소는 씨뿌리기 후 40일경부터 나타난다. 토양의 습도가 높으면 색소의 발현이 나빠지므로 물이 잘 빠지도록 관리한다.

거름 주기

- 3.3m²당 밑거름으로 질소는 20g, 칼륨은 14g을 주며 나머지는 웃거름으로 준다.
- 웃거름은 자람에 따라 2회로 조절해도 되며 대개 솎아주기 한 후 비료를 준다.
- 비료분이 약하면 비대가 늦게 되므로 솎아주기 한 후 복합비료를 뿌리고 괭이로 가볍게 눌러준다.

거름 총량 (g/3.3m²)	요소	용과린	염화칼륨	퇴비	석회
	140~200	170	60~70	5,000	1,000

· 밑거름으로 복합비료를 주어도 상관없다.

수확 시기의 당근

- 무름병 : 석회를 밑거름으로 주면 발생이 줄어든다.
- 갈색무늬병 : 목탄을 뿌리 근처에 뿌려주면 방제 효과가 있다.
- 벼룩잎벌레 : 뿌리와 잎의 생장을 저해하는데 상처로 무

성공 재배 노하우

1 재배 시기 : 봄 재배(4~7월), 여름 재배(5~8월), 가을 재배(7~11월)

2 잘 자라는 온도 : 15~20℃

3 씨뿌리기 후 3일 이내에 리누론 수화제(아파론, 아파룩스) 20g을 물 20L에 타서 밭 이랑에 분무기로 뿌리면 1년생 화본과 잡초와 잎이 넓은 잡초를 막을 수 있다.

4 솎아주기 할 때 사이갈이와 북주기도 함께 하면 바람 피해, 잡초, 뿌리머리 푸름증 방지에 효과가 있다.

5 수확하기 1개월 전쯤 북주기를 해 지상부에 뿌리가 보이지 않도록 해야 한다.

름병이 발생하기도 한다. 따라서 발생 초기에 약제로 방제해야 한다.

수확 및 저장 ▶
• 수확 적기 : 수확기가 늦으면 뿌리의 표면이 거칠어지므로 조생종은 파종 후 70~80일, 중생종은 90~100일에 수확한다. 외관상 당근 바깥 잎이 늘어져서 땅에 닿을 때가 수확 적기이다.

수확한 당근

• 당근 뿌리는 잘리거나 상처를 입게 되면 쉽게 썩는다. 작은 상처의 경우 15~20℃에 5일 가량 놓아두면 상처 부위가 아물어 치유된다. 이렇게 치유된 당근이어야 오랫동안 저장할 수 있다.

• 저장 : 0℃, 93%의 다습한 조건에서 6개월 이상 저장이 가능하다. 가을에 수확한 경우 구덩이를 파서 저장하는 움 저장법을 많이 이용한다.

당근의 영양소
... 100g당 34kcal

수분	단백질	지질	당질	섬유소	회분	칼슘	인	철
89.5%	1.1g	0.1g	7.8g	0.8g	0.7g	40mg	38mg	0.7mg

나트륨	칼륨	비타민 A	베타카로틴	비타민 B₁	비타민 B₂	나이아신	비타민 C
30mg	395mg	1,270R.E	7,620μg	0.06mg	0.05mg	0.8mg	8mg

(자료: 농촌진흥청 식품성분표)

무

- **분류** : 십자화과(Cruciferae)　・**형태** : 한해살이 또는 두해살이풀
- **크기** : 1m 정도　・**개화기** : 4~5월　・**원산지** : 지중해 연안

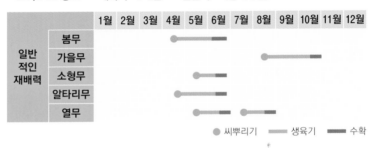

일반적인 재배력		1월	2월	3월	4월	5월	6월	7월	8월	9월	10월	11월	12월
	봄무				●	━	━						
	가을무								●	━	━	━	
	소형무				●	━	━						
	알타리무				●	━	━						
	열무				●	━	━	●	━	━			

● 씨뿌리기　━ 생육기　━ 수확

　　무는 배추, 고추, 마늘과 함께 한국인들이 가장 즐겨 먹는 채소 중 하나로, 겨울철에도 노지재배가 가능해 예로부터 먹거리가 귀한 겨울을 날 수 있게 도와주는 중요한 채소 역할을 해왔다. 무는 더위에 약하고, 서늘한 기후에서 가장 잘 자라기 때문에 겨울 무는 당분이 많고 조직이 단단해 어떤 요리를 해도 풍부한 맛을 낸다. 반면 여름 무는 겨울 무에 비해 조직이 연하며, 물러지기 쉽고 상대적으로 단맛이 덜하다. 쓴맛 또한 강한 편이어서 당분을 첨가한 조리법을 사용하면

좋다. 무의 품질이 떨어지는 시기에는 순무, 콜라비 등 무를 대체할 수 있는 식재를 활용하는 것도 방법이 될 수 있다.

무는 비타민 C가 풍부하며 무에 함유된 메틸메르캅탄 성분은 감기균 억제 기능이 있어 감기 예방에 효과적이다.

품종 고르기

- 무는 중국을 통해 들어온 북지무 계통과 일본을 통해 들어온 남지무 계통으로 나뉜다. 근래에 샐러드용으로 20일무가 재배되기 시작했다. 기르고자 하는 시기와 식용하는 용도에 따라 크기별, 계절별로 품종을 선택할 수 있다.
- 봄무 : '대형봄무'가 무의 봄 재배를 가능하게 한 대표 품종인데, 뿌리의 길이가 30cm가량으로 수량이 많고 추대가 늦어 봄에 키울 수 있는 품종이다. 가을무 품종은 추대가 빨라서 봄에 키우면 낮은 온도 때문에 꽃대가 올라와 뿌리가 자라지 않아서 낭패를 볼 수 있다.
- 가을무 : 가장 많이 재배되는 김장용이나 저장용 품종으

알타리무   열무

로, 뿌리 윗부분의 녹색이 짙은 편이고 길이가 25cm 정도
이다.

- 알타리무 : 대표적인 총각김치용 품종으로 뿌리는
9~12cm이다. 생육 기간이 40~50일이다.
- 열무 : 잎을 이용하며 잎 수가 7~10장이고 길이는 30cm
정도일 때 수확한다.

밭 만들기

- 토양 조건 : 토심이 깊고 보수력이 있으며 배수가 잘되는
사질양토가 적합하다.
- 이랑 만들기 : 밭은 30~35cm 정도로 깊이 갈아놓아야 좋
다. 이랑을 만들기 전에 퇴비와 밑거름 비료를 넣는다. 돌
멩이나 덜 썩은 퇴비 등이 있으면 뿌리가 변형되기 쉬우므
로 완숙된 퇴비를 이용한다. 물 빠짐이 좋은 땅은 5줄 재
배하고 물 빠짐이 안 좋은 땅은 4줄 재배한다.
- 두둑에 비닐을 씌우면 지온이 높아져 생육이 빠르고 잡초

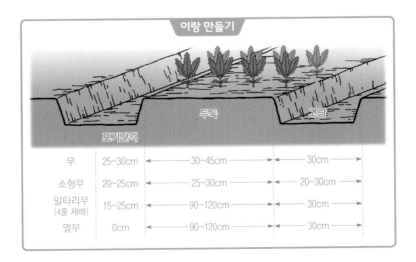

이랑 만들기

	포기간격	두둑	고랑
무	25~30cm	30~45cm	30cm
소형무	20~25cm	25~30cm	20~30cm
알타리무 (4줄 재배)	15~25cm	90~120cm	30cm
열무	0cm	90~120cm	30cm

무 꽃

무 씨앗

가 생기는 것을 방지할 수 있다.

씨
뿌리기 • 대표적인 가을 재배의 파종 적기는 다음과 같다.

지역	중부	중남부	남부
파종기	8월 20~25일	8월 25~30일	9월 1~5일

• 무 뿌리는 곧게 뻗는 성질이라 옮겨심기가 잘 안 되며 되더라도 기형적으로 자라므로 밭이나 재배상자에 직접 씨를 뿌려야 한다.

무 씨뿌리기 및 초기 관리

❶ 5~6립씩 뿌린다.

❷ 1차 솎아주기. 반듯한 심장 모양의 떡잎만 남기고 가능하면 일찍 솎아준다.

❸ 마지막 솎아주기. 생육이 나쁜 것과 밀식된 것을 솎아주고 북주기를 한다.

- 점뿌림할 경우에는 10m²(약 3평)당 약 10mL의 종자가 필요하고, 줄뿌림할 경우에는 약 20mL가 쓰인다.
- 포기 사이는 보통 품종은 25~30cm, 재래종이나 뿌리가 작은 품종은 20~24cm 정도로 한다.
- 파종기가 고온기이기 때문에 짚, 왕겨 등으로 덮어서 지온이 오르는 것을 막아주는 것이 좋다.
- 봄에 봄 재배용 품종을 심지 않으면, 꽃대가 올라오는 추대 현상으로 무가 쪼그라든다.

재배 요령
- 13℃ 이상이 생육에 적당하며, 그 이하의 저온이 되지 않도록 관리해야 한다.
- 솎아주기 : 보통 2~3회 정도로 솎아주기 하는데 반듯한 심장 모양의 떡잎만 남기고 제거한다. 가능하면 일찍 솎아주는 것이 생육에 좋으며, 잎의 색깔이 짙은 것, 생육이 불량한 것, 밀식된 곳을 솎아주고 동시에 북주기를 한다.

무 솎아주기

❶ 발아가 가지런해지면 솎아낸다.

❷ 본잎이 나오면 솎아낸다.

❸ 본잎이 3장일 때 2포기로 솎아낸다.

❹ 본잎이 6~7장일 때 1포기 세우기가 되도록 한다.

- 물빠짐이 좋아야 한다.
- 무가 한창 자랄 때 흙이 바짝 말라 있다가 갑자기 물이 많게 되면 표피가 갈라지는 열근(뿌리가 생리적이나 물리적 요인에 의해 표면이 갈라지는 현상)이 많이 생기므로 발아 후 20~25일 사이의 물 관리에 주의한다.

- 본잎이 1장 나왔을 때 한 구덩이에서 2~3포기를 남기고 솎아내는데, 그때 주위에 복합비료를 작은 수저로 하나씩 뿌리고 흙에 섞는다.
- 본잎이 6~7장이 되면 1포기만 남기고 마지막으로 솎아주는데, 그때 두둑 한쪽에 포기당 비료를 큰 수저로 하나씩 흩뿌리고 나서 괭이로 흙과 섞으면서 북주기를 한다.
- 2차 웃거름을 주고 보름 후에 두둑에서 2차 때와는 반대쪽에 같은 양의 비료를 주고 역시 북을 돋우어준다.

거름 총량 (g/3.3m²)	요소	용과린	염화칼륨	퇴비	고토석회
	117	200	77	6,700	333

- 밑거름으로 복합비료를 주어도 상관없다.

무 북주기

웃거름을 주며 북을 준다.

20일무 상자 재배하기

❶ 씨뿌리기

❷ 흙덮기 후 2~3일간은 그늘에 둔다.

❸ 솎아주기

❹ 마지막 솎아주기

❺ 웃거름 주기

❻ 뿌리 지름이 2cm 정도면 수확한다.

병해충 방제
- 모자이크병 : 진딧물이 전염원이며, 망사를 씌워 재배한다.
- 검은썩음병, 검은무늬병 : 가을재배 시 발생하기 쉽다. 다이센엠-45를 살포한다.
- 배추흰나비 : 배추흰나비 등록약제를 살포한다.

수확 시기의 무

- 진딧물 : 새잎과 새줄기에 많이 붙어 해를 끼치는데 진딧물 약제로 방제 가능하다.

수확 및 저장 ➡ - 수확 적기 : 씨뿌리기 후 90~100일, 소형무는 50~60일 정도면 수확이 가능하다. 외관상으로는 위쪽을 향해 뻗었

무 수확하기

양손으로 무를 잡고 뽑는다.

잎자루에서 2~3cm 위쪽의 잎줄기를
잘라보면 무의 바람들이를 알 수 있다.

던 잎이 벌어지고 바깥쪽 잎이 늘어지게 되면 수확기가 된 것이다.

• 수확이 늦어지면 뿌리에 바람이 들어 맛이 떨어질 수 있으니 주의한다.

수확한 무

1 싹트는 온도 : 15~34℃(40℃ 정도에서는 발아하지 못한다.)

2 잘 자라는 온도 : 17~23℃(어릴 때는 18℃, 뿌리 비대기 때는 21~23℃). 12℃ 이하의 저온이 일주일 이상 연속 경과하면 추대하여 상품 가치가 없어진다.

3 햇빛의 세기 : 강한 빛을 좋아한다. 뿌리가 굵어지는 시기에 햇빛이 부족하면 수량이 적어진다.

4 씨 뿌리는 깊이 : 2~3cm

5 물주기 : 보통(4~5일 간격)

무의 영양소

... 100g당 18kcal

수분	단백질	지질	당질	섬유소	회분	칼슘	인	철
94.3%	0.8g	0.1g	3.8g	0.6g	0.4g	26mg	23mg	0.7mg

나트륨	칼륨	비타민 A	베타카로틴	비타민 B_1	비타민 B_2	나이아신	비타민 C
13mg	213mg	8R.E	46μg	0.03mg	0.02mg	0.4mg	15mg

(자료: 농촌진흥청 식품성분표)

참고문헌

곽준수 외, 약이 되는 산나물 들나물 기르기, 푸른행복(2018).

전재희, 텃밭 주말농장 채소·약채소 기르기, 푸른행복(2018).

홍규현 외, 텃밭 채소 기르기 백과, 푸른행복(2018).

임규현, 텃밭 주말농장 채소재배 이것만 알면 된다, 푸른행복 (2017).

심철흠, 텃밭 농사 무작정 따라하기, 길벗(2017).

조두진, 텃밭 가꾸기 대백과, 푸른지식(2016).

유다경, 도시농부 올빼미의 텃밭 가이드, 시골생활(2013).

박만원, 텃밭백과, 들녘(2007).

참고 사이트

aT한국농수산식품유통공사(www.at.or.kr)

농촌진흥청(www.rda.go.kr)